现代移动
通信技术

XIANDAI YIDONG TONGXIN JISHU

许高山　牟永建　蒋志钊　张　倩◎编著

中国铁道出版社有限公司
CHINA RAILWAY PUBLISHING HOUSE CO., LTD.

内 容 简 介

本书是面向新工科5G移动通信"十三五"规划教材中的一本,全面介绍了移动通信技术的发展历程,第二代移动通信、第三代移动通信和第四代移动通信系统的组网架构、技术原理和实际工程应用操作,同时分析了5G关键技术以及未来应用的愿景。全书分为理论篇、实战篇、工程篇,主要内容包括现代移动通信发展历程、2G移动通信技术、3G移动通信技术、4G移动通信技术、未来5G移动通信技术和LTE工程实践等。

本书概念清晰、内容翔实、理论与实践紧密联系,适合作为高等院校通信类专业的教材,也可作为移动通信技术爱好者的参考用书。

图书在版编目(CIP)数据

现代移动通信技术/许高山等编著.—北京:中国
铁道出版社有限公司,2020.9(2024.7重印)
面向新工科5G移动通信"十三五"规划教材
ISBN 978-7-113-27107-7

Ⅰ.①现… Ⅱ.①许… Ⅲ.①移动通信-通信技术-
高等学校-教材 Ⅳ.①TN929.5

中国版本图书馆CIP数据核字(2020)第131350号

书　　　名:**现代移动通信技术**		

作　　者:许高山　牟永建　蒋志钊　张　倩

策　　划:韩从付　　　　　　　　　　编辑部电话:(010)63549501
责任编辑:刘丽丽　彭立辉
封面设计:MXK DESIGN STUDIO
责任校对:张玉华
责任印制:樊启鹏

出版发行:中国铁道出版社有限公司(100054,北京市西城区右安门西街8号)
网　　址:https://www.tdpress.com/51eds/
印　　刷:河北宝昌佳彩印刷有限公司
版　　次:2020年9月第1版　2024年7月第4次印刷
开　　本:787 mm×1 092 mm　1/16　印张:12.5　字数:287 千
书　　号:ISBN 978-7-113-27107-7
定　　价:45.00 元

版权所有　侵权必究

凡购买铁道版图书,如有印制质量问题,请与本社教材图书营销部联系调换。电话:(010)63550836
打击盗版举报电话:(010)63549461

主　任：

张光义　中国工程院院士、西安电子科技大学电子工程学院信号与信息
　　　　处理学科教授、博士生导师

副　主　任：

朱伏生　广东省新一代通信与网络创新研究院院长

赵玉洁　中国电子科技集团有限公司第十四研究所规划与经济运行部
　　　　副部长、研究员级高级工程师

常务委员：（按姓氏笔画排序）

王守臣　杭州电瓦特信息技术有限责任公司总裁

汪　治　广东新安职业技术学院副校长、教授

宋志群　中国电子科技集团有限公司通信与传输领域首席科学家

周志鹏　中国电子科技集团有限公司第十四研究所首席专家

郝维昌　北京航空航天大学物理学院教授、博士生导师

荆志文　中国铁道出版社有限公司教材出版中心主任、编审

委　员：(按姓氏笔画排序)

方　明	兰　剑	吕其恒	刘　义
刘丽丽	刘海亮	江志军	许高山
阳　春	牟永建	李延保	李振丰
杨盛文	张　倩	张　爽	张伟斌
陈　曼	罗伟才	罗周生	胡良稳
姚中阳	秦明明	袁　彬	贾　星
徐　巍	徐志斌	黄　丹	蒋志钊
韩从付	舒雪姣	蔡正保	戴泽淼
魏聚勇			

　　全球经济一体化促使信息产业高速发展,给当今世界人类生活带来了巨大的变化,通信技术在这场变革中起着至关重要的作用。通信技术的应用和普及大大缩短了信息传递的时间,优化了信息传播的效率,特别是移动通信技术的不断突破,极大地提高了信息交换的简洁化和便利化程度,扩大了信息传播的范围。目前,5G 通信技术在全球范围内引起各国的高度重视,是国家竞争力的重要组成部分。中国政府早在"十三五"规划中已明确推出"网络强国"战略和"互联网 +"行动计划,旨在不断加强国内通信网络建设,为物联网、云计算、大数据和人工智能等行业提供强有力的通信网络支撑,为工业产业升级提供强大动力,提高中国智能制造业的创造力和竞争力。

　　党的二十大报告指出:"教育、科技、人才是全面建设社会主义现代化国家的基础性、战略性支撑。必须坚持科技是第一生产力、人才是第一资源、创新是第一动力,深入实施科教兴国战略、人才强国战略、创新驱动发展战略,开辟发展新领域新赛道,不断塑造发展新动能新优势。"近年来,为适应国家建设教育强国的战略部署,满足区域和地方经济发展对高学历人才和技术应用型人才的需要,国家颁布了一系列发展普通教育和职业教育的决定。2017 年 10 月,习近平总书记在党的十九大报告中指出,要提高保障和改善民生水平,加强和创新社会治理,优先发展教育事业。要完善职业教育和培训体系,深化产教融合、校企合作。2022 年 1 月召开的 2022 年全国教育工作会议指出,要创新发展支撑国家战略需要的高等教育。推进人才培养服务新时代人才强国战略,推进学科专业结构适应新发展格局需要,以高质量的科研创新创造成果支撑高水平科技自立自强,推动"双一流"建设高校为加快建设世界重要人才中心和创新高地提供有力支撑。《国务院关于大力推进职业教育改革与发展的决定》指出,要加强实践教学,提高受教育者的职业能力,职业学校要培养学生的实践能力、专业技能、敬业精神和严谨求实作风。

　　现阶段,高校专业人才培养工作与通信行业的实际人才需求存在以下几个问题:

　　一、通信专业人才培养与行业需求不完全适应

　　面对通信行业的人才需求,应用型本科教育和高等职业教育的主要任务是培养更多更好的应用型、技能型人才,为此国家相关部门颁布了一系列文件,提出了明确的导向,但现阶段高等职业教育体系和专业建设还存在过于倾向学历化的问题。通信行业因其工程性、

实践性、实时性等特点,要求高职院校在培养通信人才的过程中必须严格落实国家制定的"产教融合,校企合作,工学结合"的人才培养要求,引入产业资源充实课程内容,使人才培养与产业需求有机统一。

二、教学模式相对陈旧,专业实践教学滞后比较明显

当前通信专业应用型本科教育和高等职业教育仍较多采用课堂讲授为主的教学模式,学生很难以"准职业人"的身份参与教学活动。这种普通教育模式比较缺乏对通信人才的专业技能培训。应用型本科和高职院校的实践教学应引入"职业化"教学的理念,使实践教学从课程实验、简单专业实训、金工实训等传统内容中走出来,积极引入企业实战项目,广泛采取项目式教学手段,根据行业发展和企业人才需求培养学生的实践能力、技术应用能力和创新能力。

三、专业课程设置和课程内容与通信行业的能力要求多有脱节,应用性不强

作为高等教育体系中的应用型本科教育和高等职业教育,不仅要实现其"高等性",也要实现其"应用性"和"职业性"。教育要与行业对接,实现深度的产教融合。专业课程设置和课程内容中对实践能力的培养较弱,缺乏针对性,不利于学生职业素质的培养,难以适应通信行业的要求。同时,课程结构缺乏层次性和衔接性,并非是纵向深化为主的学习方式,教学内容与行业脱节,难以吸引学生的注意力,易出现"学而不用,用而不学"的尴尬现象。

新工科就是基于国家战略发展新需求、适应国际竞争新形势、满足立德树人新要求而提出的我国工程教育改革方向。探索集前沿技术培养与专业解决方案于一身的教程,面向新工科,有助于解决人才培养中遇到的上述问题,提升高校教学水平,培养满足行业需求的新技术人才,因而具有十分重要的意义。

本套书第一期计划出版15本,分别是《光通信原理及应用实践》《综合布线工程设计》《光传输技术》《无线网络规划与优化》《数据通信技术》《数据网络设计与规划》《光宽带接入技术》《5G 移动通信技术》《现代移动通信技术》《通信工程设计与概预算》《分组传送技术》《通信全网实践》《通信项目管理与监理》《移动通信室内覆盖工程》《WLAN 无线通信技术》。套书整合了高校理论教学与企业实践的优势,兼顾理论系统性与实践操作的指导性,旨在打造为移动通信教学领域的精品图书。

本套书围绕我国培育和发展通信产业的总体规划和目标,立足当前院校教学实际场景,构建起完善的移动通信理论知识框架,通过融入黄冈教育谷培养应用型技术技能专业人才的核心目标,建立起从理论到工程实践的知识桥梁,致力于培养既具备扎实理论基础又能从事实践的优秀应用型人才。

本套书的编者来自中国电子科技集团、广东省新一代通信与网络创新研究院、南京理工大学、黄冈教育谷投资控股有限公司等单位,包括广东省新一代通信与网络创新研究院院长朱伏生、中国电子科技集团赵玉洁、黄冈教育谷投资控股有限公司徐巍、舒雪姣、

徐志斌、兰剑、姚中阳、胡良稳、蒋志钊、阳春、袁彬等。

　　本套书如有不足之处，请各位专家、老师和广大读者不吝指正。希望通过本套书的不断完善和出版，为我国通信教育事业的发展和应用型人才培养做出更大贡献。

张光义

2022 年 12 月

现今,ICT(信息、通信和技术)领域是当仁不让的焦点。国家发布了一系列政策,从顶层设计引导和推动新型技术发展,各类智能技术深度融入垂直领域为传统行业的发展添薪加火;面向实际生活的应用日益丰富,智能化的生活实现了从"能用"向"好用"的转变;"大智物云"更上一层楼,从服务本行业扩展到推动企业数字化转型。中央经济工作会议在部署 2019 年工作时提出,加快 5G 商用步伐,加强人工智能、工业互联网、物联网等新型基础设施建设。5G 牌照发放后已经带动移动、联通和电信在 5G 网络建设的投资,并且国家一直积极推动国家宽带战略,这也牵引了运营商加大在宽带固网基础设施与设备的投入。

5G 时代的技术革命使通信及通信关联企业对通信专业的人才提出了新的要求。在这种新形势下,企业对学生的新技术和新科技认知度、岗位适应性和扩展性、综合能力素质有了更高的要求。从相关调研与数据分析看,通信专业人才储备明显不足,仅 10% 的受访企业认可当前人才储备能够满足企业发展需求。相关的调研显示,为应对该挑战,超过 50% 的受访企业已经开展 5G 相关通信人才的培养行动,但由于缺乏相应的培养经验、资源与方法,人才培养投入产出效益不及预期。为此,黄冈教育谷投资控股有限公司再次出发,面向教育领域人才培养做出规划,为通信行业人才输出做出有力支撑。

本套书是黄冈教育谷投资控股有限公司面向新工科移动通信专业学生及对通信感兴趣的初学人士所开发的系列教材之一。以培养学生的应用能力为主要目标,理论与实践并重,并强调理论与实践相结合。通过校企双方优势资源的共同投入和促进,建立以产业需求为导向、以实践能力培养为重点、以产学结合为途径的专业培养模式,使学生既获得实际工作体验,又夯实基础知识,掌握实际技能,提升综合素养。因此,本套书注重实际应用,立足于高等教育应用型人才培养目标,结合黄冈教育谷投资控股有限公司培养应用型技术技能专业人才的核心目标,在内容编排上,将教材知识点项目化、模块化,用任务驱动的方式安排项目,力求循序渐进、举一反三、通俗易懂,突出实践性和工程性,使抽象的理论具体化、形象化,使之真正贴合实际、面向工程应用。

本套书编写过程中,主要形成了以下特点:

(1)系统性。以项目为基础、以任务实战的方式安排内容,架构清晰、组织结构新颖。先让学生掌握课程整体知识内容的骨架,然后在不同项目中穿插实战任务,学习目标明确,实战经验丰富,对学生培养效果好。

(2)实用性。本套书由一批具有丰富教学经验和多年工程实践经验的企业培训师编写,既解决了高校教师教学经验丰富但工程经验少、编写教材时不免理论内容过多的问题,又解决了工程人员实战经验多却无法全面清晰阐述内容的问题,教材贴合实际又易于学习,实用性好。

(3)前瞻性。任务案例来自工程一线,案例新、实践性强。本套书结合工程一线真实案例编写了大量实训任务和工程案例演练环节,让学生掌握实际工作中所需要用到的各种技能,边做边学,在学校完成实践学习,提前具备职业人才技能素养。

本套书如有不足之处,请各位专家、老师和广大读者不吝指正。以新工科的要求进行技能人才培养需要更加广泛深入的探索,希望通过本套书的不断完善,与各界同仁一道携手并进,为教育事业共尽绵薄之力。

2022 年 12 月

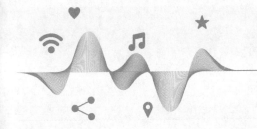

前　言

　　信息化高速时代，移动通信已成为人们生活、娱乐、学习不可或缺的组成部分，从最初的 1G 网络，到后来的 2G，再到 3G 和 4G，以及当前备受瞩目的 5G，移动通信技术在不断地更新换代。与 2G 萌生数据、3G 催生数据、4G 发展数据不同，5G 是跨时代的技术，除了更极致的体验和更大的容量，它还将开启物联网时代，并渗透至各个行业，它将和大数据、云计算、人工智能等一道迎来信息通信时代的黄金 10 年。

　　本书以一个工程从业人员的视角来介绍移动通信技术的发展和应用，系统全面地介绍了 2G、3G、4G 和 5G 关键技术和应用，注重强化了 4G 网络组网和运营维护工程实践操作。本书共分理论篇、实践篇、工程篇。理论篇介绍了移动通信技术的发展历史，详细介绍了 2G、3G 和 4G 移动通信关键技术原理、网络架构和应用，以及 5G 移动通信技术全球发展规划、关键技术和未来愿景。实践篇和工程篇，以岗位技能要求为目标，突出实践操作，以工程项目实践的形式着重介绍了 4G 组网、设备安装调测和运营维护工作中的操作流程和方法。

　　本书最大的特点在于把理论知识的教学通过完成一个个典型的任务让学生更深入地掌握和理解。本书编者均有通信行业的工作经历，具有丰富的移动通信工程实践经验。教材编写时遵循工学结合的开发理念，以移动通信组网建设和运营维护岗位技能要求为目标，以工作过程为主线组织内容。本书以项目化教学方式为基础，突出实操，将移动通信组网和建设维护的方法融会贯通。

　　本书由许高山、牟永建、蒋志钊、张倩编著，适合作为高等院校通信类专业的教材，也可作为移动通信技术爱好者的参考用书。

　　由于移动通信技术发展迅速，加之编者水平有限，书中难免存在疏漏和不足之处，敬请广大读者批评指正。

编　者

2020 年 4 月

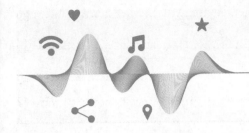

目 录

理论篇 现代移动通信技术的演进

🖝 实战篇 LTE 基站设备原理与安装

工程篇　LTE 基站开通与维护

理论篇

现代移动通信技术的演进

引言

移动通信(Mobile Communication)是移动体之间的通信,或移动体与固定体之间的通信。移动体可以是人,也可以是汽车、火车、轮船等在移动状态中的物体。1899年,船舶上用无线电报传递保障船舶运行和海上人员安全的有关信息,其后开放有旅客与陆地公用电信网之间的通信业务。20世纪20年代初,美国底特律警察局将2 MHz频段的无线电台安装在警车上用于调度通信。1922年,船舶上使用了无线电话。第二次世界大战后期,出现了将超短波电台装在指挥车上的单工通信系统。1946年,美国在圣刘易斯(St. Louis)建立了公用汽车电话网。接着,西德、法国、英国等国家相继研制了公用移动电话系统。20世纪50~60年代,我国主要在航空、海上、军事、铁路列车无线调度等领域使用短波波段开展专用移动通信。20世纪60年代,美国开始应用改进型移动电话系统(IMTS),可以直接拨号、自动选择无线信道并自动接入公用电信网。20世纪70年代,美国开始使用第一代无绳电话系统。1976年,美国发射了 MARISAT 海事卫星,海上移动通信开始使用微波频段和卫星通信技术。20世纪70年代末,美国、日本研制了服务范围划分为若干基站覆盖区的模拟蜂窝式移动电话通信系统。1979年成立国际海事卫星组织,该组织的全球卫星系统于1982年开始向船舶、海上石油钻台等水上目标与岸站间提供通信业务。20世纪70~80年代初,我国各种专用移动通信系统相继投入使用。我国自行设计的8频道公用移动电话系统于1982年在上海投入运营。20世纪80年代初,日本提出900 MHz无中心选址系统。80年代中期以后,移动通信得到了飞速发展。80年代末,数字式无绳电话(CT2)系统在英国投入商用。

接着,北美的CT2、瑞典的CT3等相继问世,有的可以提供双向呼叫和越区切换。专用调度系统也向公用方向发展,在美国、日本、苏联、法国、加拿大、瑞典等国家出现了集群式调度网。西欧国家组成的移动通信特别小组(GSM)提出了窄带TDMA数字移动电话系统的标准,泛欧国家于20世纪90年代初开通数字蜂窝式移动电话通信系统。1991年,美国提出了用几十颗低轨卫星覆盖全球的卫星移动通信系统。1991年,我国开始使用北京海事卫星通信岸站。1992年,数字式无绳电话(CT2)在深圳开通,集群调度系统也在北京、上海等城市投入运营。

学习目标

- 掌握移动通信基础理论知识。
- 掌握移动通信网络系统的组成、性能特点等。

知识体系

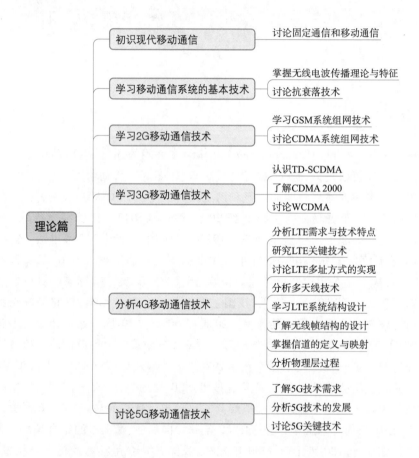

- 初识现代移动通信
  - 讨论固定通信和移动通信
- 学习移动通信系统的基本技术
  - 掌握无线电波传播理论与特征
  - 讨论抗衰落技术
- 学习2G移动通信技术
  - 学习GSM系统组网技术
  - 讨论CDMA系统组网技术
- 学习3G移动通信技术
  - 认识TD-SCDMA
  - 了解CDMA 2000
  - 讨论WCDMA
- 理论篇
- 分析4G移动通信技术
  - 分析LTE需求与技术特点
  - 研究LTE关键技术
  - 讨论LTE多址方式的实现
  - 分析多天线技术
  - 学习LTE系统结构设计
  - 了解无线帧结构的设计
  - 掌握信道的定义与映射
  - 分析物理层过程
- 讨论5G移动通信技术
  - 了解5G技术需求
  - 分析5G技术的发展
  - 讨论5G关键技术

项目一

初识现代移动通信

任务　讨论固定通信和移动通信

任务描述

这几年手机的普及速度异常迅猛,但是提起固定电话,相信大家还是相当亲切,毕竟这是陪伴了人们十几年的通信工具。讨论手机之前先讨论固定电话,就是因为固定电话相对手机而言要简单。而且,出于保护投资以及互连互通层面的考虑,无线通信的整个体系有很多部分源于固网,选择从固网切入便于人们学习。

任务目标

- 了解:固网通信的发展。
- 领会:移动通信的发展进程。
- 掌握:与固网通信相比移动通信技术突破与难点在哪里。

任务实施

一、比较固网通信和移动通信

(一)固网通信

1. 电报

电报是一种最早的、可靠的即时远距离通信方式,它是 19 世纪 30 年代在英国和美国发展起来的。电报信息通过专用的交换线路以电信号的方式发送出去,该信号用编码代替文字和数字,通常使用的编码是莫尔斯编码。20 世纪 70 ~ 80 年代,电报是亲人之间信息传递最快的工具。早期的电报机如图 1-1-1 所示。

19 世纪 30 年代,由于铁路迅速发展,迫切需要一种不受天气影响、没有时间限制又比火车跑得快的通信工具。此时,发明电报的基本技术条件(电池、铜线、电磁感应器)也已具备。

1837 年,英国库克和惠斯通设计制造了第一台有线电报机,且不断加以改进,发报速度不断提高。这种电报机很快在铁路通信中获得了应用。他们的电报系统的特点是电文直接指向字母。

与此同时,美国人莫尔斯也对电报着了迷。他是一位画家,凭借他丰富的想象力、不屈不挠的奋斗精神,实现了许多人梦寐以求的目标。在他 41 岁那年,在从法国学画后返回美国的轮船上,医生杰克逊将他引入了电磁学这个神奇世界。在船上,杰克逊向他展示了"电磁铁",一通电能吸起铁的器件,一断电铁器就掉下来。还说"不管电线有多长,电流都可以神速通过"。这个小玩意儿使莫尔斯产生了遐想:既然电流可以瞬息通过导线,那能不能用电流来传递信息呢?为此,他在自己的画本上写下了"电报"字样,立志要完成用电来传递信息的发明。

回美国后,莫尔斯全身心地投入到研制电报的工作中。他拜著名的电磁学家亨利为师,从头开始学习电磁学知识。他买来了各种各样的实验仪器和电工工具,把画室改为实验室,夜以继日地埋头苦干。他设计了一个又一个方案,绘制了一幅又一幅草图,进行了一次又一次试验,但得到的是一次又一次失败。在深深的失望之中好几次他想重操旧业。然而,每当他拿起画笔看到画本上自己写的"电报"字样时,又为当初立下的誓言所激励,从失望中抬起头来。

莫尔斯冷静地分析了失败的原因,认真检查了设计思路,发现必须寻找新的方法来发送信号。1836 年,莫尔斯终于找到了新方法。他在笔记本上记下了新的设计方案:"电流只要停止片刻,就会出现火花。有火花出现可以看成是一种符号,没有火花出现是另一种符号,没有火花的时间长度又是一种符号。这 3 种符号组合起来可代表字母和数字,就可以通过导线来传递文字了。"这种用编码来传递信息的构想非常伟大,也非常奇特。这样,只要发出两种电符号就可以传递信息,大大简化了设计和装置。莫尔斯的奇特构想,即著名的"莫尔斯电码",是电信史上最早的编码,是电报发明史上的重大突破。莫尔斯在取得突破以后,马上就投入到紧张的工作中,把设想变为实用的装置,并且不断地加以改进。

1844 年 5 月 24 日,是世界电信史上光辉的一页。莫尔斯在美国国会大厅里,亲自按动电报机按键。随着一连串嘀嘀嗒嗒声响起,电文通过电线很快传到了数十公里外的巴尔的摩。他的助手准确无误地把电文译了出来。莫尔斯电报的成功轰动了美国、英国和世界其他各国,他的电报很快风靡全球。19 世纪后半叶,莫尔斯电报已经获得了广泛的应用。

2. 电话

电话是一种可以传送与接收声音的远程通信设备。早在 18 世纪欧洲已有"电话"一词,用来指用线串成的话筒(以线串起杯子)。电话的出现要归功于亚历山大·格拉汉姆·贝尔,早期电话机的原理为:说话声音通过空气的复合振动,传输到固体上,通过电脉冲于导电金属上传递。贝尔于 1876 年 3 月申请了电话的专利权。早期的电话机如图 1-1-2 所示。

图 1-1-1　早期的电报机　　　　　　　　　图 1-1-2　早期的电话

1910年，紫禁城正式安装了一部十门电话用户交换机。在建福宫、储秀宫和长春宫里，安装了6部电话机。

当提到电话的发明者，大多数人都会说出一个耳熟能详的名字：亚历山大·格拉汉姆·贝尔。但可惜的是，美国国会2002年6月15日269号决议裁定电话的发明人为安东尼奥·穆齐（另译为安东尼奥·梅乌奇）。下面回顾一下这段纠结的极富争议的电话发明史。

电话到底是谁发明的？1845年，意大利人穆齐移民美国，此前他是一位电生理学家，一个偶然的机会他发现电波可以传播声音，经过反复试验，他做出了电话的雏形，并于1860年首次在纽约的意大利语报纸上发表了关于这项发明的介绍。然而，他却因资金的原因没有申请专利。

1870年，穆齐以6美元的价格把自己费尽心思制作的电话设备卖了，为了生存，他贱卖了自己的发明。穆齐知道自己的发明绝对会影响后世，他想通过拿到"保护发明特许权请求书"的方式保护自己的发明，然而每年要缴纳的10美金再次让他不堪重负。1873年，穆齐的生活拮据到了靠领取社会救济金度日，付不起请求书费用的他只好想其他办法。

1874年，穆齐试图将发明卖给美国西联电报公司，然而电话设备被西联公司弄丢。倒霉的穆齐在贝尔与西联公司签约后试图与之打官司，在人生的最后关头，尽管最高法院同意受理此案，但是可怜的穆齐却撒手人寰。但是，与贝尔打官司争夺电话发明权的不只是穆齐，还有一个叫作伊莱沙·格雷的人。此人运气也不是很好，他比贝尔申请专利的时间晚了两个小时。

（二）移动通信

1. 移动电话

移动电话通常称为手机，早期还有大哥大的俗称，是可以在较广范围内使用的便携式电话终端。手机是人类科学技术的重大发明，几乎没有哪一项发明能像手机那样，走进全世界千千万万的普通家庭，为千千万万的普通百姓所广泛使用。手机最早是由苏联工程师库普里扬诺维奇于1957年发明。1958年，苏联沃罗涅日通信科学研究所开始研制世界上第一套全自动移动电话通信系统"阿尔泰"。1963年，"阿尔泰"系统在莫斯科进行了区域测试。1969年末起，"阿尔泰"系统在苏联的30多个城市正式提供移动服务。迄今为止，移动手机通信已发展至4G时代了，且正向5G时代迈进。

第一代手机（1G）是指模拟的移动电话，也就是在20世纪八九十年代影视作品中出现的大哥大。由于当时的电池容量限制和模拟调制技术需要硕大的天线和集成电路的发展状况等制约，这种手机外表四四方方，只能称为可移动算不上便携。很多人称呼这种手机为"砖头"或者黑金刚等。这种手机有多种制式，如NMT、AMPS、TACS，但是基本上使用频分复用方式只能进行语音通信，收讯效果不稳定，且保密性不足，无线带宽利用不充分。

第二代手机（2G）也是常见的手机。通常这些手机使用GSM（全球移动通信系统）或者CDMA（码分多址）这些十分成熟的标准，具有稳定的通话质量和合适的待机时间。在第二代手机中为了适应数据通信的需求，一些中间标准也在手机上得到支持，例如支持彩信业务的GPRS和上网业务的WAP服务，以及各式各样的Java程序等。

第三代移动通信技术（3G）是指将无线通信与互联网等多媒体通信相结合的新一代移动通信系统。它能够处理图像、音乐、视频流等多种媒体形式，提供包括网页浏览、电话会议、电子商务等多种信息服务。也就是说，在室内、室外和行车的环境中能够分别支持至少2 Mbit/s、384 kbit/s以及144 kbit/s的传输速率。国际上3G手机有3种制式标准：欧洲的WCDMA标准、美国的 CDMA 2000 标准和由中国科学家提出的 TD – SCDMA 标准。

第四代移动通信(4G)能够传输高质量视频图像以及与高清晰度电视不相上下的技术产品。

第五代移动通信网络(5G)的峰值理论传输速率可达 1 Gbit/s,比 4G 网络的传输速率快数百倍。5G 网络已成功在 28 GHz 波段下达到了 1 Gbit/s。相比之下,当前的第四代长期演进(4G LTE)服务的传输速率仅为 75 Mbit/s。未来 5G 网络的传输速率可达 10 Gbit/s,这意味着手机用户在不到一秒时间内即可完成一部高清电影的下载。

工业和信息化部此前发布的《信息通信行业发展规划(2016—2020 年)》明确提出,2020 年启动 5G 商用服务。根据工业和信息化部等部门提出的 5G 推进工作部署以及三大运营商的 5G 商用计划,我国于 2017 年展开 5G 网络第二阶段测试,2018 年进行大规模试验组网,并在此基础上于 2019 年启动 5G 网络建设,并于 2019 年正式推出商用服务,2019 年被称为 5G 商用元年。随着 5G 技术的诞生,用智能终端分享 3D 电影、游戏以及超高画质(UHD)节目的时代正向我们走来。

2. 无线通信面临的问题

看起来无线通信与有线通信只有两个区别:空中接口和无线信道。似乎从有线通信过渡到无线通信很简单,实际上要实现无线通信至少必须解决 6 个问题。

问题一:一个固定电话的插口只能对应一部电话,而基站的一面天线要同时接收很多手机信号,那么基站是如何区分这些信号分别来自哪个手机的呢?

在固定电话时代,要识别一路语音信号来自哪部电话是一件非常简单的事情,因为所有的接口都插在交换机上,如图 1-1-3 所示。而无线通信时代,空中接口没有一个实实在在的插口,就是一面天线在接收电磁波。图 1-1-3 所示为无线通信和固定通信示意图。

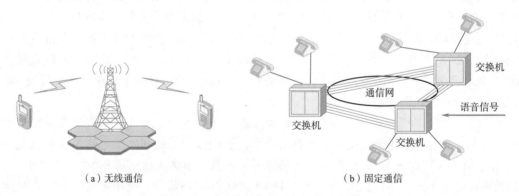

（a）无线通信 　　　　　　（b）固定通信

图 1-1-3 无线通信和固定通信示意图

无线通信情况下,一面天线下有如此多的用户,基站如何区分谁是谁呢? GSM 系统的设计思路是让手机工作在不同的频点,这样基站就可以区分不同的用户。但只靠频点不能够区分足够多的用户,因为频段是十分有限的。为了区分更多的用户,把每一个频点划分成多个时间段,分配给不同的用户。就好比有 10 个会议室,如果只按会议室的个数划分,只能提供给十个团队进行开会,如果再把每一个会议室在时间上做一个划分,比如上午、下午、晚上 3 个时间段,那么就可以为 3 倍的客户提供服务。

归纳一下,基站为了区分用户,可以让手机工作在不同的频段和不同的时间。在专业术语里面称为 FDMA(频分多址接入方式)和 TDMA(时分多址接入方式)。

问题二：固定电话和网络联系非常简单，电话机只需要通过电话线接入通信网络即可，那么手机如何接入基站呢？

由于手机不知道要建立联系的基站在哪里，需要先建立一个机制让手机找到基站。寻找的过程主要分为三步：

（1）网络前期规划：首先对每一个基站和基站下属的小区进行编号，这样每一个基站就具有特定的编码，不会重复，有足够的区分度。

（2）基站广播信息：相邻的基站工作在不同的频点上，并且基站通过信道实时向外广播系统信息，包含基站的位置、接入方式等相关信息。

（3）手机监听广播信息：手机实时监听基站的广播信息，选择信号最强的小区接入。

问题三：固定电话的位置是固定的，通信网络需要寻找某一固定电话时，只需要把信号送入指定的电话线和指定接口即可；而无线通信的手机位置随时在变化，网络如何为手机用户分配基站？

手机始终处于移动状态，而基站的覆盖范围有限，因此必然出现手机从一个基站的覆盖范围移动到另外一个基站覆盖范围的情况。通信时移动网必须找到手机，否则就无法实现和该手机的联系，那么怎样才能找到手机呢？

例如，出门旅游时为了让家人实时知晓位置，每到一处就必须报备所在位置，到了深圳可以打电话告诉家人，如果第二天又去了广州，那么同样可以告诉家人。这样家人一直都会知道详细的位置信息。基于这个原理，也可以让基站找到手机。分为两步：

（1）网络分区：中国行政区域分为省、市、区等，可以按照这样的思路，把通信网络划分成若干区域。

（2）监听并上报：使手机实时监测网络信息，随时知晓所属区域，一旦跨越不同区域及时上报给基站，这样基站就能掌握手机的位置，这个过程称为位置更新。某手机有一个呼叫时，基站马上就能在手机所处区域进行寻呼。

问题四：无线通信系统通过电磁波在空中传送信号，没有实体接口确定身份，如何确认用户是否合法？

移动通信网络识别用户的身份至关重要。在移动通信系统中，引入了鉴权机制，即对用户进行身份鉴别，以确定用户的合法性。分为两步：

（1）为用户分配标识。在 GSM 系统中，用户的标识为 IMSI，这个号码相当于网络身份证。每一个用户的 IMSI 号都是唯一的，用于区分用户。这个号码存储于两个地方：一是 SIM 卡；二是网络。

（2）鉴权实施。通话时，需要利用 IMSI 号码进行鉴权。如果一致就是合法用户，允许接入网络；如果不一致将无法接入网络。鉴权的过程需要一定的时间，所以，一般采用百分比鉴权，不是每一次通话都需要鉴权。

问题五：空中电磁波信号是开放的，怎样才能防止被窃听，如何加密？

1G 时代，在收音机里面偶尔可以听到电话通信的内容，原因是没有引入加密机制。无线电波在空中任意传播，利用相应的接收仪器就可以在空中拦截并窃听。在模拟通信时代，这个问题很难解决，到了第二代数字移动通信系统引入了加密技术。数字通信的信号是一串串比特流（如 00011010100），可以用这一串比特流和另外一串特定的比特流进行与、或、非、异或等逻辑运算，产生一串新的数字序列，然后在接收端用相似的方式还原。这样空中传播的电磁波信号即使被截获,只要不知道加密算法和加密的比特流,就无法还原,只能得到一串毫无意义的乱码。

问题六:固定电话是通过线缆传播,其传播的环境较为稳定;而手机通话过程中位置会不断变化,通话环境也会随之变化,怎样才能保证用户通话不间断呢?

固话时代没有"切换"的概念。所谓固定电话,就是固定在那里不动的电话。电话活动的范围非常有限,其距离取决于电话线的长度,而移动通信完全不同。移动通信的特点之一就是用户在通话过程中位置可以不断地变动,而每个基站的覆盖范围是有限的。用户总会从一个基站的覆盖范围转移到另外一个基站的覆盖范围,那么用户与一个基站的通信也不可避免地要转到另外一个基站,这就是切换。

切换的方式有很多种,一种是终端先切断与原来基站的联系,再接入新的基站,这种切换称为"硬切换",在切换的过程中通信会发生瞬时的中断,如果切换时间非常短,用户是感受不到的。与此相对应,若终端和相邻的两个基站同时保持联系,当终端彻底进入某一个基站的覆盖区域后再断开与另外一个基站的联系,切换期间没有中断通话,称为"软切换"或者"无缝切换"。

二、了解移动通信网络的属性和分类

(一)移动通信网及分类

移动通信(Mobile Communication)是沟通移动用户与固定用户之间或移动用户之间的通信方式。通信网是一种使用交换设备、传输设备将地理上分散用户终端设备互连起来实现通信和信息交换的系统。移动通信网是指在移动用户和移动用户之间或移动用户与固定用户之间的"无线电通信网"。

通信网可从不同角度进行分类:

(1)按业务内容可分为语音网、数据网、广播电视网等。

(2)按服务范围可分为本地网、长途网、国际网等。

(3)按服务对象可分为公用网、军用网、专用网等。

(4)按信号形式可分为模拟网、数字网等。

(5)按运营种类可分为接入网、交换网、传输网、支撑网。

(6)按组网方式可以分为:固定网、无线网、卫星通信网。

(7)从网络角度移动通信网可分为公共移动通信网和专用移动通信网。

下面从通信网的网络拓扑及其相关业务方面进行介绍:

1. 公共移动通信网

公共移动通信网普遍采用蜂窝拓扑,基于提高频谱利用率和减少相互干扰、增加系统容量进行考虑。现在采用的是小区制——覆盖半径在 10 km 以内的六角形结构;也有的采用微蜂窝和微微蜂窝混合结构。蜂窝移动通信技术随着微蜂窝和微微蜂窝的产生而成熟。这些微蜂窝半径一般为几米到几百米。而目前运行的蜂窝半径是几千米。微蜂窝技术将靠重复使用频率和大基站的"延伸部件"——小功率发射机来扩展业务处理能力。该办法也适用于覆盖无线传播较差的地区。智能网数据库将跟踪个人通信网(PCN)的用户,从一个微蜂窝转移到另一个微蜂窝。

2. 专用移动通信网

专用移动通信网是一个独立的移动通信系统,亦可纳入公共网。一种具有代表性的专用网——集群系统(Trunking System)是除了蜂窝网外,又一种提高频谱利用率的有效方法。所谓"集群",在通信意义上,就是将有限通信资源(信道)自动地分配给大量用户共同使用。这种高效网,近年来十分受青睐。当然随着公网技术的发展,会自动纳入专用网。

(二)移动通信网的业务

电信业务(Telecommunication Business)指的是电信网向公众提供的业务。电信业务根据业务类型分类为基础电信业务和增值电信业务;根据提供业务的网络,可分为固定电信业务和无线电信业务等。

基础语音业务又可分为语音业务和数据业务;通常意义上的语音业务就是指电话业务(含短信),采用电路交换方式(CS);数据业务,是通过数据通信网络实现的业务,如上网、彩信、视频电话、网络视频、网络游戏等业务,采用数据交换方式。

增值业务是运营商提供给消费者的比基础业务更高层次的信息需求。什么是增值电信业务?简单地说,它是利用基本电信网的资源,配置计算机硬件、软件和其他一些技术设施,并投入必要的劳务,使信息的收集、加工、处理和信息的传输、交换结合起来,从而向用户提供基本电信业务以外的各式各样的信息服务。由于这些业务是附加在基本电信网上进行的,起增加新服务功能和提高使用价值的作用,因而称作增值电信业务,简称增值业务。

增值种类很多,例如传真存转发业务、可视图文、可视电话、电子信箱、会议电视、电子数据互换(EDI)等,都属于电信增值业务。这些业务都是利用电话网、数据通信网等公用电信网的资源,通过增加一些技术设备来提供新的业务功能。这些业务中多数以语音、文字、图形、图像等多媒体形式更生动、直观、形象地表示和传递。

大开眼界

传统语音业务与 VoIP

VoIP 是以 IP 分组交换网络为传输平台,对模拟的语音信号进行压缩/打包等一系列特殊处理,使之可以采用无连接 UDP 协议进行传输。传统的电话网是以电路交换方式传输语音。

任务小结

本任务从固网切入,学习移动通信的发展历程,并了解移动通信的发展相对于固网的突破与重点难点,简单学习移动通信概念及其分类,为后续移动通信技术的展开做好铺垫。

※ 思考与练习

一、填空题

1. 早期电话机的原理为:说话声音为空气里的_____,可传输到固体上,通过(电脉冲)于导电金属上传递。

2. 手机最早是由苏联工程师库普里扬诺维奇于_____年发明。

3. 通常这些手机使用_____或者_____这些十分成熟的标准,具有稳定的通话质量和合适的待机时间。

4. 5G 网络是_____，其峰值理论传输速度可达_____，比 4G 网络的传输速度快数百倍。

5. 在固定电话时代，要识别一路语音信号来自哪部电话是一件非常简单的事情，因为所有的接口都插在_____上。

6. 在 GSM 系统中，用户的标识为_____，这个号码相当于网络身份证。

7. 通信网按照信号形式可分为_____、_____等。

二、选择题

1. (　　)的出现要归功于亚历山大·格拉汉姆·贝尔。

  A. 手机　　　　　　　　B. BP 机　　　　　　　　C. 电话　　　　　　　　D. 计算机

2. 1G 手机有多种制式，如(　　)，但是基本上使用频分复用方式只能进行语音通信，收讯效果不稳定，且保密性不足，无线带宽利用不充分。以下(　　)制式不属于 1G 手机的。

  A. NMT　　　　　　　　B. PHS　　　　　　　　C. AMPS　　　　　　　　D. TACS

3. 基站为了区分用户，可以让手机工作在不同的频段。在专业术语中称为(　　)。

  A. FDMA　　　　　　　　B. CDMA　　　　　　　　C. TDMA　　　　　　　　D. SDMA

4. 在 GSM 系统中，引入了(　　)机制，即对用户进行身份鉴别，以确定是否为合法用户。

  A. 加密　　　　　　　　B. 鉴权　　　　　　　　C. 认证　　　　　　　　D. 授权

5. 在 GSM 系统中，用户的标识为(　　)，这个号码相当于网络身份证。

  A. IMSI　　　　　　　　B. TMSI　　　　　　　　C. CMSI　　　　　　　　D. PMSI

6. 切换的方式有很多种，一种是终端首先切断与原来基站的联系，然后再接入新的基站，这种切换称为(　　)。

  A. 软切换　　　　　　　　B. 接力切换　　　　　　　　C. 硬切换　　　　　　　　D. 更软切换

7. 以下(　　)属于按服务范围进行划分的。

  A. 公用网　　　　　　　　B. 接入网　　　　　　　　C. 无线网　　　　　　　　D. 长途网

8. 公共移动通信网普遍采用(　　)，是基于提高频谱利用率和减少相互干扰，增加系统容量的考虑。

  A. 蜂窝拓扑　　　　　　　　B. 网络成环　　　　　　　　C. 全 IP　　　　　　　　D. 混合组网

三、判断题

1. 移动通信是沟通移动用户与固定点用户之间或移动用户之间的通信方式。　　　　(　　)

2. 19 世纪初期，莫尔斯电报已经获得了广泛的应用。　　　　(　　)

3. 当提到电话的发明者，大多数人都会说出一个耳熟能详的名字：亚历山大·贝克汉姆·贝尔。　　　　(　　)

4. 第二代手机(2G)也是最常见的手机。通常这些手机使用 GSM 或者 CDMA 这些十分成熟的标准。　　　　(　　)

5. 通信网是一种使用交换设备、传输设备，将地理上分散用户终端设备互连起来实现通信和信息交换的系统。　　　　(　　)

6. 通信网可从不同角度分类，按服务对象可分为公用网、军用网、国际网等。　　　　(　　)

7. 专用移动通信网是一个独立的移动通信系统，亦可纳入专用网。　　　　(　　)

8. 基础语音业务又可分为语音业务和数据业务，通常意义上的语音业务就是指电话业务

（含短信）。 （　　）

四、简答题

1. 简述移动通信发展史。

2. 对于第三代移动通信系统,包含有哪些制式?

3. 简述第 5 代移动通信网络。

4. 一个固定电话的插口只能对应一部电话,而基站的一面天线要同时接收很多手机信号,基站是如何区分这些信号分别来自哪个手机的?

5. 空中接口的电磁波是开放的,谁都可以拦截到,怎么样才能防止不被窃听,该如何加密?

6. 固定电话是通过线缆传播,其传播的环境较为稳定;而手机在通话的过程中位置会不断变化,通话环境也会随之变化,怎样才能保证用户通话不间断?

7. 什么是通信网?

8. 简述移动通信网络的分类。(至少从 4 个角度分类)

项目二
学习移动通信系统的基本技术

任务一　掌握无线电波传播理论与特征

任务描述

学习移动通信系统,系统地了解无线系统的基本技术是很有必要的,本任务从信号的分类、传播方式着手,逐步学习贯穿整个移动通信的关键技术,为后续的具体无线系统的介绍做好充足的准备,让学生更容易去接受新的知识。

任务目标

- 了解:无线电波的频段划分及其特性。
- 领会:调制技术。
- 掌握:移动通信系统的多址技术。

任务实施

一、了解无线电波的频段划分及其特性

(一)电磁波波段划分

无线电波通过介质或在介质分界面的连续折射或反射,由发射点传播到接收点。无线电通信是利用无线电波的传播特性而实现的。在通信中根据无线电波的波长(或频率)把无线电波划分为各种不同的波段(或频段)。

(二)各波段传播的特点

不同波长(或频率)的无线电波,传播特性往往不同,应用于通信的范围也不相同。

(1)长波传播:距离 300 km 以内主要靠地波,远距离(2 000 km)传播主要靠天波。用长波

12

通信时,在接收点的场强稳定,但由于表面波衰减慢,对其他收信台干扰大。长波受天电干扰的影响亦很严重。此外,由于发射天线非常庞大,所以利用长波作为通信和广播的不多,仅在越洋通信、导航、气象预报等方面采用。

(2)中波传播:白天天波衰减大,被电离层吸收,主要靠地波传播;夜晚天波参加传播,传播距离较地波远。它主要用于船舶与导航通信,波长为 2 000~200 m 的中波主要用于广播。

(3)短波传播:包括地波和天波。由于短波的频率较高、地面吸收强烈,地表面波衰减很快,短波的地波传播只有几十公里。天波在电离层中的损耗减少,常利用天波进行远距离通信和广播。但由于电离层不稳定,通信质量不佳,短波主要用于电话电报通信、广播及业余电台。

(4)超短波传播:由于超短波频率很高,而地波的衰减很大,电波穿入电离层很深乃至穿出电离层,使电波不能反射回来,所以不能利用地表面波和天波的传播方式,主要用空间波传播。超短波主要用于调频广播、电视、雷达、导航传真、中继、移动通信等。电视频道之所以选在超短波(微波及分米波)波段上,主要原因是电视需要较宽的频带(我国规定为 8 MHz)。如果载频选得比较低,例如选在短波波段,设中心频率 f_0 = 20 MHz,则相对带宽 f/f_0 = 8/20 = 40%。这么宽的相对带宽会给发射机、天馈线系统、接收机以及信号传输带来许多困难,因此选超短波波段,提高载频以减小相对带宽。

电磁波波段的划分如表 2-1-1 所示。

表 2-1-1　电磁波波段的划分

名　称	频率范围	波长范围	主要应用
甚低频率 VLF(超长波)	3~30 kHz	100~10 km	导航、声呐
低频 LF(长波,LM)	30~300 kHz	10~1 km	导航、授时
中频 MF(中波,MW)	300~3 000 kHz	1 km~100 m	调幅广播
高频 HF(短波,SW)	3~30 MHz	100~10 m	调幅广播、通信
甚高频 VHF(超短波)	300~3 000 MHz	100~10 cm	调频广播、广播电视、移动通信
特高频 UHF(微波)	3~30 GHz	10~1 cm	广播电视、移动通信、卫星定位导航、无线局域网
极高频(微波)	30~300 GHz	10~1 mm	通信、雷达、射电天文
光频(光波)	1~50 THz	300~0.006 μm	光纤通信

电磁波包含很多种类,按照频率从低到高的顺序排列为:无线电波、红外线、可见光、紫外线、X 射线及 γ 射线。无线电波分布在 3 Hz~3 000 GHz 的频率范围之间。在不同的波段内的无线电波具有不同的传播特性。

频率越低,传播损耗越小,覆盖距离越远,绕射能力也越强。但是,低频段的频率资源紧张,系统容量有限,因此低频段的无线电波主要应用于广播、电视、寻呼等系统。高频段频率资源丰富,系统容量大。但是频率越高,传播损耗越大,覆盖距离越近,绕射能力越弱。另外,频率越高,技术难度也越大,系统的成本相应提高。

移动通信系统选择所用频段时要综合考虑覆盖效果和容量。UHF 频段与其他频段相比,在覆盖效果和容量之间折中得比较好,因此被广泛应用于手机等终端的移动通信领域。当然,随着人们对移动通信的需求越来越多,需要的容量越来越大,移动通信系统必然要向高频段发展。

无线电波的速度只随传播介质的电和磁的性质而变化。无线电波在真空中传播的速度等于光在真空中传播的速度,因为无线电波和光均属于电磁波。无线电波在其他介质中传播的速度为 $v(\varepsilon) = c/\sqrt{\varepsilon}$,其中 ε 为传播介质的介电常数。空气的介电常数与真空很接近,略大于1,因此无线电波在空气中的传播速度略小于光速,通常近似认为等于光速。

二、了解自由空间无线电波传播

(一)传播方式

自由空间中由于没有阻挡,电波传播只有直射,不存在其他现象。对于日常生活中的实际传播环境,由于地面存在各种各样的物体,使得电波的传播有直射、反射、绕射(衍射)等。另外,对于室内或列车内的用户,还有一部分信号来源于无线电波对建筑的穿透。这些都造成无线电波传播的多样性和复杂性,下面分别进行讨论。

(1)直射:在视距内可以看作无线电波在自由空间中传播。直射波传播损耗公式同自由空间中的路径损耗公式:$PL = 32.44 + 20\lg f + 20\lg d$。其中,PL 为自由空间的路损,单位是 dB;F 为载波的频率,单位是 MHz;d 为发射源与接收点的距离,单位是 km。

(2)反射、折射与穿透:在电磁波传播过程中遇到障碍物,当这个障碍物的尺寸远大于电磁波的波长时,电磁波在不同介质的交界处会发生反射和折射。另外,障碍物的介质属性也会对反射产生影响。对于良导体,反射不会带来衰减;对于绝缘体,他只反射入射能量的一部分,剩下的被折射入新的介质继续传播;而对于非理想介质,电磁波贯穿介质,即穿透时,介质会吸收电磁波的能量,产生贯穿衰落。穿透损耗大小不仅与电磁波频率有关,而且与穿透物体的材料、尺寸有关。一般室内的无线电波信号是穿透分量与绕射分量的叠加,而绕射分量占绝大部分。所以,总的来看,高频信号(例如1 800 MHz)的室内外电平差比低频信号(800 MHz)的室内外电平差要大。并且,低频信号进入室内后,由于穿透能力差一些,在室内进行各种反射后场强分布更均匀;而高频信号进入室内后,部分穿透又穿透出去了,室内信号分布就不太均匀,也就使用户感觉信号波动大。

(3)绕射(衍射):在电磁波传播过程中遇到障碍物,这个障碍物的尺寸与电磁波的波长接近时,电磁波可以从该物体的边缘绕射过去。绕射可以帮助进行阴影区域的覆盖。

(4)散射:在电磁波传播过程中遇到障碍物,这个障碍物的尺寸小于电磁波的波长,并且单位体积内这种障碍物的数目非常巨大时,会发生散射。散射发生在粗糙物体、小物体或其他不规则物体表面,如树叶、街道标识和灯柱等。

不同距离下无线电波的传播方式不同,主要分为视距传播和非视距传播两种。

(1)视距传播:无线电波视距传播的一般形式主要是直射波和地面反射波的叠加,结果可能使信号加强,也可能使信号减弱。由于地球是球形的,受地球曲率半径的影响,视距传播存在一个极限距离 $R_{\max}$,它受发射天线高度、接收天线高度和地球半径影响。

(2)非视距传播:无线电波非视距传播的一般形式有绕射波、对流层反射波和电离层反射波,下面进行详细讨论。

①绕射波:它是建筑物内部或阴影区域信号的主要来源。绕射波的强度受传播环境影响很大,且频率越高,绕射信号越弱。

②对流层反射波:产生于对流层。对流层是异类介质,由于天气情况而随时间变化。它的反射系数随高度增加而减少,这种缓慢变化的反射系数使电波弯曲。对流层反射方式应用于波长小于 10 m(即频率大于 30 MHz)的无线通信中。对流层反射波具有极大的随机性。

③电离层反射波:当电波波长大于 1 m(即频率小于 300 MHz)时,电离层是反射体。从电离层反射的电波可能有一个或多个跳跃,因此这种传播用于长距离通信,同对流层一样,电离层

也具有连续波动的特性。

由于移动终端的天线高度比较低,传播路径总是受到地形及人为环境的影响,使得接收信号大量地散射、反射或叠加。传播环境的复杂性体现在地形、人为建筑物、人为噪声干扰的多样性。例如,周围有树林的地形,树叶会造成无线电波大量散射。而对于城市环境,由街道两旁的高大建筑导致的波导效应,使得街道上沿着传播方向的信号增强,垂直于传播方向的信号减弱,两者相差可达 10 dB 左右。另外,机动车的点火噪声、电力线噪声、工业噪声等人为噪声,都会对接收信号造成干扰。

(二)传播分类

无线电波自发射地点到接收地点主要有天波、地波、空间直线波 3 种传播方式。各波特性如下:

(1)地波:沿着地球表面传播的电波,称为地波。在传播过程中因电波受到地面的吸收,其传播距离不远。频率越高,地面吸收越大,因此短波、超短波沿地面传播时,距离较近,一般不超过 100 km,而中波传播距离相对较远。其优点是受气候影响较小,信号稳定,通信可靠性高。

(2)天波:靠大气层中的电离层反射传播的电波,称为天波,又称电离层反射波。发射的电波是经距地面 70~80 km 以上的电离层反射后至接收地点,其传播距离较远,一般在 1 000 km 以上。其缺点是受电离层气候影响较大,传播信号很不稳定。短波频段是天波传播的最佳频段,渔业船舶配备的短波单边带电台,就是利用天波传播方式进行远距离通信的设备。

(3)空间直线波:在空间由发射地点向接收地点直线传播的电波,称为空间直线电波,又称直线波或视距波。传播距离为视距范围,仅为数十公里。渔业船舶配备的对讲机和雷达均是利用空间波传播方式进行通信的设备。

任务小结

通过对电磁波的分类及其传播特性介绍,了解了无线信号的传播特性。

任务二 讨论抗衰落技术

任务描述

在移动通信系统中,受多径衰落和阴影衰落的影响,在信号接收端多个幅度和相位不同的信号相叠加,不同信号的叠加使得复合信号相互抵消或增强,产生较严重的失真。为了克服快衰落带来的影响,通常采用的抗衰落和抗干扰技术有分集技术、均衡技术、编码技术等。本任务将对这些抗衰落技术进行讨论。

任务目标

- 了解:多径衰落与和阴影衰落。
- 领会:均衡技术。
- 掌握:信道编码技术。

任务实施

一、了解衰落现象和分类

电磁波在传播过程中，由于传播媒介及传播途径随时间的变化而引起的接收信号强弱变化的现象称为衰落。例如在收话时，声音一会儿强、一会儿弱，这就是衰落现象。

所有的无线设备有一点是共同的，即没有有线连接。通过空气传送的信号会由于气候、环境、距离等各种因素的影响而失真，会因自然的和人为的障碍而中断，也会因发射机和接收机的相对移动而进一步变化。这个变化的过程称为衰落。衰落在现实环境中是不可避免的。而衰落根据其产生原因和特征，也包括很多种类，主要是慢衰落和快衰落，如图 2-2-1 所示。

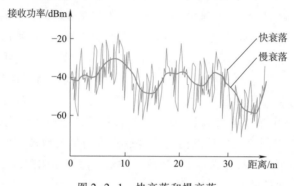

图 2-2-1　快衰落和慢衰落

慢衰落是由于在电波传输路径上受到建筑物或山丘等的阻挡所产生的阴影效应而产生的损耗。它反映了中等范围内接收的电磁波电平的均值变化而产生的损耗，一般遵从对数正态分布。慢衰落产生的主要原因有路径损耗和阴影衰落。路径损耗是慢衰落的主要原因，障碍物阻挡电磁波产生的阴影区称为阴影衰落。阴影衰落与天气变化、障碍物和移动台的相对速度、电磁波的工作频率等有关。

快衰落（又称瑞利衰落）是由于移动台附近的散射体（地形，地物和移动体等）引起的多径传播信号在接收点相叠加，造成接收信号快速起伏的现象。快衰落分为时间选择性衰落（快速移动在频域上产生多普勒效应而引起频率扩散）、空间选择性衰落（不同的地点、不同的传输路径衰落特性不一样）、频率选择性衰落（不同的频率衰落特性不一样，引起时延扩散）。快衰落产生的原因包括多径效应、多普勒效应等。

快衰落和慢衰落都会对通信造成一定影响。慢衰落会导致整体信号的电平衰落，降低接收的信号功率，从而降低了信噪比（SNR）。快衰落会使发送的基带数据脉冲失真，可能会导致锁相环同步问题。多径和多普勒效应导致的快衰落对通信的破坏力最强。下面重点讨论阴影衰落和多径衰落。

（一）阴影衰落

无线电波在遇到面积比电磁波波长大得多的障碍物时，会发生反射，从而在障碍物另一侧形成一片无线电波无法直接传播到的"阴影"区域，称为阴影效应。

阴影衰落是由于终端移动到阴影区域产生，所以其衰落的速率与工作频率无关，而是取决于终端移动到阴影区域的速度。当终端移到阴影区域时,信号变弱;当终端离开阴影区域时,信号变强。由于终端移动速度相对电磁波速度要慢很多,所以阴影衰落是一种慢衰落。

（二）多径衰落

在无线通信中,无线电波在基站和移动终端之间的传播过程,由于受大气层以及各种大小不一、形状各异的障碍物影响,存在直射、绕射、反射、散射等多种传播情况。这多变的情况,造成了基站和移动终端存在多条传播路径。

同一个信号从发射端通过多条路径到达接收端。在接收端接收到这个信号时,接收信号的时间、幅度、相位都会发生变化。无线电波在传播过程中存在损耗,在接收端为了还原出发射信号,会对接收到的信号进行矢量叠加。不同相位的接收信号在进行叠加时,同相位的信号强度会加强,反相位的信号强度会因抵消而减弱,即产生了衰落。这种多条路径传播的信号,叠加后而引起的衰落称为多径衰落。

无线电波传播的损耗主要由路径损耗、慢衰落损耗（阴影衰落）和快衰落损耗（多径衰落）所构成。多径衰落是一种快衰落,它能造成接收信号快速起伏的现象,从而导致在接收端解调性能下降甚至无法解调。

二、学习分集技术

分集技术是用来补偿衰落信道损耗的,它通常通过两个或更多的接收天线来实现。分集是接收端对它收到的衰落特性相互独立地进行特定处理,以降低信号电平起伏的办法。分集是指分散传输和集中接收。所谓分散传输是使接收端能获得多个统计独立的、携带同一信息的衰落信号。集中接收是接收机把收到的多个统计独立的衰落信号进行合并以降低衰落的影响。

分集的基本原理是通过多个信道（时间、频率或者空间）接收到承载相同信息的多个副本,由于多个信道的传输特性不同,信号多个副本的衰落就不会相同。接收机使用多个副本包含的信息能比较正确地恢复出原发送信号。如果不采用分集技术,在噪声受限的条件下,发射机必须要发送较高的功率,才能保证信道情况较差时链路正常连接。在移动无线环境中,由于手持终端的电池容量非常有限,所以反向链路中所能获得的功率也非常有限。而采用分集方法可以降低发射功率,这在移动通信中非常重要。

目前常用的分集方式主要有两种:宏分集和微分集。

（一）宏分集

宏分集也称"多基站分集",主要是用于蜂窝系统的分集技术。在宏分集中,把多个基站设置在不同的地理位置和不同的方向上,同时和小区内的一个移动台进行通信。只要在各个方向上的信号传播不是同时受到阴影效应或地形的影响而出现严重的慢衰落,这种办法就可以保证通信不会中断。它是一种减少慢衰落的技术。

（二）微分集

微分集是一种减少快衰落影响的分集技术,在各种无线通信系统中都经常使用。目前微分集采用的主要技术有空间分集、频率分集、极化分集、角度分集、时间分集等。

1. 空间分集

空间分集的基本原理是在任意两个不同的位置接收同一信号,只要两个位置的距离大到一定程度,则两处所收到的信号衰落是不相关的,也就是说快衰落具有空间独立性。空间分集也称为天线分集,是无线通信中使用最多的分集技术。图 2-2-2 所示为天线分级示意图,其中 R_x

为接收天线，T_x 为发射天线。

图 2-2-2　天线分级示意图

空间分集至少要两付天线，且相距为 d，间隔距离 d 与工作波长、地物及天线高度有关，在移动通信中通常取：市区 $d=0.5$ m，郊区 $d=0.8$ m，d 值越大，相关性就越弱。

2. 频率分集

频率分集的基本原理是频率间隔大于相关带宽的两个信号的衰落是不相关的，因此，可以用多个频率传送同一信息，以实现频率分集。图 2-2-3 所示为频率分集传送示意图。

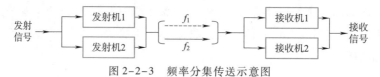

图 2-2-3　频率分集传送示意图

根据相关带宽的定义，即

$$B_C = \frac{1}{2\pi\Delta}$$

式中，Δ 为时延扩展，B_C 为相关带宽。在市区，$\Delta=0.3$ μs，此时 $B_C=53$ kHz。频率分集需要用两个发射机来发送同一信号，并用两个接收机来接收同一信号。这种分集技术多用于频分双工（FDM）方式的视距微波通信中。

3. 极化分集

极化分集的基本原理是两个不同极化的电磁波具有独立的衰落，所以发送端和接收端可以用两个位置很近但为不同极化的天线分别发送和接收信号，以获得分集效果。

极化分集可以看成是空间分集的一种特殊情况，它也要用两副天线（二重分集情况），但仅仅是利用不同极的电磁波所具有的不相关衰落特性，因而缩短了天线间的距离。在极化分集中，由于射频功率分给两个不同的极化天线，因此发射功率要损失约 3 dB 左右。

4. 角度分集

角度分集的做法是使电波通过几个不同的路径，并以不同的角度到达接收端，而接收端利用多个接收天线能分离出不同方向来的信号分量。由于这些信号分量具有相互独立的衰落特性，因而可以实现角度分集并获得抗衰落的效果。

5. 时间分集

快衰落除了具有空间和频率独立性以外，还具有时间独立性，即同一信号在不同时间、区间多次重发，只要各次发送的时间间隔足够大，那么各次发送信号所出现的衰落将是彼此独立的，接收机将重复收到的同一信号进行合并，就能减小衰落的影响。时间分集主要用于在衰落信道中传输数字信号，如图 2-2-4 所示。

三、学习均衡技术

在信息日益膨胀的数字化、信息化时代，通信系统担负了重大的任务，这就要求数字通信系统向高速率、高可靠性的方向发展。信道均衡是通信系统中一项重要的技术，能够很好地补偿信道的非理想特性，从而减轻信号的畸变，降低误码率。在高速通信、无线通信领域，信道对信号畸变的影响将更加严重，因此信道均衡技术是不可或缺的。自适应均衡能够自动地调节系数从而跟踪信道，成为通信系统中一项关键的技术。

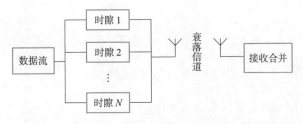

图 2-2-4　时间分集在衰落信道中传输数字信号示意图

均衡技术已经过理论和实践证明，在数字通信系统中插入一种可调滤波器可以校正和补偿系统特性，减少码间干扰的影响。这种起补偿作用的滤波器称为均衡器。

均衡器通常是用滤波器来实现的，使用滤波器来补偿失真的脉冲，判决器得到解调的输出样本，是经过均衡器修正过的或者清除了码间干扰之后的样本。自适应均衡器直接从传输的实际数字信号中根据某种算法不断调整增益，因而能适应信道的随机变化，使均衡器总是保持最佳的状态，从而有更好的失真补偿性能。

自适应均衡器一般包含两种工作模式：训练模式和跟踪模式。首先，发射机发射一个已知的定长的训练序列，以便接收机处的均衡器可以做出正确的设置。典型的训练序列是一个二进制伪随机信号或者一串预先指定的数据位，而紧跟在训练序列后被传送的是用户数据。接收机处的均衡器将通过递归算法来评估信道特性，并且修正滤波器系数以对信道做出补偿。在设计训练序列时，要求做到即使在最差的信道条件下，均衡器也能通过这个训练序列获得正确的滤波系数。这样就可以在收到训练序列后，使得均衡器的滤波系数已经接近于最佳值。而在接收数据时，均衡器的自适应算法就可以跟踪不断变化的信道，自适应均衡器将不断改变其滤波特性。

产生于信道相反的特性，用来抵消信道的时变多径传播特性引起的码间串扰。均衡不用增加传输功率和带宽，即可改善移动通信链路的传输质量。均衡重在消除码间串扰，二重分集重在消除深度衰落的影响。均衡适用于信号不可分离、多径时延扩展远大于符号（调制后数据单位）宽度的情况。

四、学习信道编码技术

由于移动通信存在干扰和衰落，在信号传输过程中将出现差错，故对数字信号必须采用纠错、检错技术，即纠错、检错编码技术，以增强数据在信道中传输时抵御各种干扰的能力，提高系统的可靠性。对要在信道中传送的数字信号进行的纠错、检错编码就是信道编码。

所谓信道编码，也称差错控制编码，就是在发送端对原数据添加冗余信息，这些冗余信息是和原数据相关的，然后在接收端根据这种相关性来检测和纠正传输过程产生的差错，从而对抗传输过程的干扰。

信道编码之所以能够检出和校正接收比特流中的差错，是因为加入一些冗余位，把几个位上携带的信息扩散到更多的位上。为此付出的代价是必须传送比该信息所需要的更多的位。信道编码过程举例如图 2-2-5 所示。

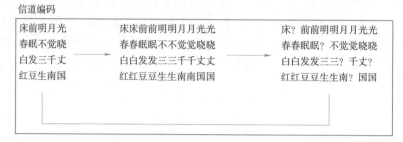

图 2-2-5 信道编码过程举例

通常纠错码分为两大类：卷积码和分组码。

（1）卷积码：把 k 个信息比特编成 n 个位，k、n 都很小，适宜以串行方式传输，而且延时也小，编码后的 n 个码元不但与本组 k 个信息码元相关，还与前面 $(N-1)$ 组的信息码元相关，其中 N 称为约束长度。卷积码一般可表示成 (n,k,N)。卷积编码的纠错能力随 N 的增大而增大，而差错率随 N 的增大成指数下降。卷积码主要用于纠错，当解调器采用最大似然估计方法时，可以产生十分有效的纠错结果。

（2）分组码：这是一种截短循环码，通过增加对信息位的异或运算得到冗余位，把 k 个输入信息位通过异或运算映射到 n 个输出二进码元 $(n>k)$。分组码主要用于检测和纠正成组出现的错码，通常与卷积码混合使用。

大开眼界

LDPC 码与 Polar 码

5G 编码之争，中国华为与美国高通 5G 话语权之争，华为支持 Polar 码，高通支持 LDPC 码，最终二者平分秋色，Polar 码应用于 5G 控制信道编码，LDPC 应用于业务信道。

五、学习调制技术

调制是一项对信号源信息进行处理的技术，它是使载波的某些特性随信号信息而变化的过程。其作用就是将受调的信息置入信息的载体，即将信号信息加载到载波上，使其便于传输和处理。一般来说，信号源的信息（也称为信源）含有直流分量和频率较低的频率分量，称为基带信号。基带信号往往不能作为传输信号，因此必须把基带信号转变为一个相对基带频率而言频率非常高的信号以适合于信道传输。这个信号称为已调信号，而基带信号称为调制信号。调制是通过改变高频载波即消息的载体信号的幅度、相位或者频率，使其随着基带信号幅度的变化而变化来实现的。而解调则是将基带信号从载波中提取出来以便预定的接收者（也称为信宿）处理和理解的过程。

调制在通信系统中有十分重要的作用。通过调制，不仅可以进行频谱搬移，把调制信号的频谱搬移到所希望的频谱上（GSM900 系统就是把信号频率调制到 900 MHz，从而将调制信号转换成适合于传播的已调信号），而且它对系统的传输有效性和传输的可靠性有着很大的影响，调制方式往往决定一个通信系统的性能。

在通信中，经常采用的调制方式有模拟调制、数字调制和脉冲调制 3 种。

（1）模拟调制：用连续变化的信号去调制一个高频正弦波。

● 幅度调制：调幅 AM，双边带调制 DSBSC，单边带调幅 SSBSC，残留边带调制 VSB 以及独立边带 ISB。

● 角度调制（调频 FM 和调相 PM 两种）。因为相位的变化率就是频率，所以调相波和调频波是密切相关的。收音机就是使用 FM 调制方式，人们经常听到类似于"欢迎收听调频 FM101.7 MHz"的语音。

（2）数字调制：就是把得到的数字序列（如 101101）调制到电磁波中传播，因为电磁波有 3 个属性，即幅度、频率和相位，可以通过改变任何一种方式来实现 0 和 1 的区分。数字调制共分为振幅键控（ASK）、频移键控（FSK）和相移键控（PSK）三种。

● 振幅键控 ASK：即利用振幅区分高低电平，例如，高电平用某一幅度表示，低电平可以用另外一个振幅表示。

● 频移键控 FSK：即利用频率来区分高低电平，例如，高电平用高频率表示，低电平用低频率表示。

● 相移键控 PSK：即利用相位来区分高低电平，例如，用 0 相位表示高电平，用 180° 相位来表示低电平。

（3）脉冲调制：用脉冲序列作为载波，主要有脉冲幅度调制（Pulse Amplitude Modulation，PAM）、脉宽调制（Pulse Duration Modulation，PDM）、脉位调制（Pulse Position Modulation，PPM）和脉冲编码调制（Pulse Code Modulation，PCM）。由于数字通信具有建网灵活，容易采用数字差错控制技术和数字加密，便于集成化，并能够进入 ISDN 网，所以通信系统都在由模拟制式向数字制式过渡。

系统中必须采用数字调制技术，然而一般的数字调制技术，如 ASK、PSK 和 FSK 因传输效率低而无法满足移动通信的要求，为此，需要专门研究一些抗干扰性强、误码性能好、频谱利用率高的数字调制技术，尽可能地提高单位频谱内传输数据的比特率，以适用于移动通信窄带数据传输的要求。例如：

● 最小频移键控（Minimum Shift Keying，MSK）。

● 高斯滤波最小频移键控（Gaussian Filtered Minimum Shift Keying，GMSK）。

● 四相相移键控（Quadrature Reference Phase Shift Keying，QPSK）。

● 交错正交四相相移键控（Offset Quadrature Reference Phase Shift Keying，OQPSK）。

● 四相相对相移键控（Differential Quadrature Reference Phase Shift Keying，DQPSK）。

● $\pi/4$ 正交相移键控（$\pi/4$-Differential Quadrature Reference Phase Shift Keying，$\pi/4$-DQPSK）。

调制和解调是信号处理的最后一步，GSM 采用 GMSK 调制方式，通常采用 Viterbi 算法（带均衡的解调方法）进行解调。解调是调制的逆过程。GMSK 是一种特殊的数字 FM 调制方式。调制速率为 270.833 千波特。比特率正好是频率偏移 4 倍的 FSK 调制称为 MSK（最小频移键控）。在 GSM 中，使用高斯预调制滤波器进一步减小调制频谱，它可以降低频率转换速度。

六、学习多址技术

移动通信的传输信道是随通信用户（移动台）移动而分配的动态无线信道，一个基站同时为多个用户服务，基站通常有多个信道。每次一个用户占用一个信道进行通话，多数情况下是多个用户同时通话,同时通话的多个用户之间的区分是以信道来区分的,这就是多址。移动通信系统采用多址技术,使得每个用户所占用的信道各有不同的特征,并且信道间彼此隔离,从而达到信道区分的目的。

多址技术就是基站能从众多的用户信道中区分出是哪一个用户发出来的信号,工作原理如图2-2-6所示。移动台能从基站发出来的众多信号中识别出哪一个是发给自己的,避免用户间相互干扰。移动通信中的多址技术也是射频信道的复用技术,这和数字通信中所学过的多路复用不同:在发送端各路信号不需要集中合并,而是各自利用高频载波进行调制送入无线信道中传输;接收端各自从无线信道上取下已调信号,解调后得到所需信息。多址技术的应用,将使系统容量大为增加,便于网络管理和信道分配,并且将使得信道切换更为可靠。多址技术的基本类型有频分多址(Frequency Division Multiple Access,FDMA)、时分多址(Time division multiple access,TDMA)、码分多址(Code Division Multiple Access,CDMA)、空分多址(Space Division Multiple Access,SDMA)。对于移动通信系统而言,由于移动用户数和通信业务量激增,一个突出的问题是在频率资源有限的情况下,如何提高通信系统的容量。由于多址方式直接影响到移动通信的容量,所以一个蜂窝移动通信系统选用什么类型的多址技术直接关系到移动通信系统的容量大小。

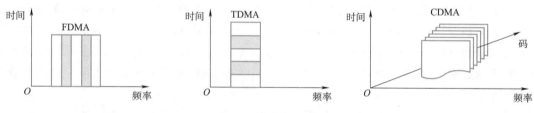

图2-2-6　多址技术原理图

(一)频分多址(FDMA)技术

(FDMA)技术是把移动通信系统的总频段划分成若干个等间隔的频道,每个频道就是一个无线信道。在采用频分多址的通信系统中,频道就是信道,信道也称为频道,所以频道带宽应能保证传输一路语音信号。这些频道互不重叠,并按要求分配给请求通信的用户,上述分配给用户的频道并不是固定指定分配给某一个用户,通常是在通信建立阶段由系统的控制中心临时分配给某一个用户。在呼叫的整个过程中,其他用户不能共享这个频道,通信结束后,该用户释放它占用的频道,系统重新分配给需要通信的用户使用。为了实现双工通信,每次通信时,基站和移动台占用一对频道,一个用作上行信道,一个用作下行信道。频分多址工作过程如图2-2-7所示。

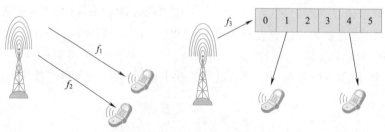

图2-2-7　频分多址工作过程

FDMA 的频道分割如图 2-2-8 所示，上行信道占用较低的频带，下行信道占用较高的频带，中间为保护频带。为了在有限的频谱中增加信道数量，希望频道间隔越窄越好。FDMA 信道的相对带宽较窄，但在频道间必须留有足够的保护间隔，同时，在接收设备中使用带通滤波器，限制邻近频道间干扰。

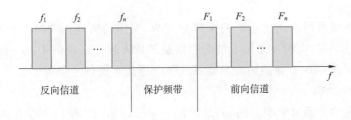

图 2-2-8　频分多址频道分割

FDMA 技术的缺点是基站需要多部不同的载波频率的发射机同时工作，设备复杂；系统中存在多个频率的信号，容易产生信道间的互调干扰，因此通信质量较差，保密性较差；因为频道数是有限的，所以系统容量小，不能容纳较多的用户。FDMA 主要用于模拟蜂窝移动系统中，在数字蜂窝移动系统中，更多采用的是 TDMA 和 CDMA。

（二）时分多址（TDMA）技术

TDMA 也是非常成熟的通信技术，所谓 TDMA 就是一个信道由连续的周期性时隙构成，不同信号被分配到不同的时隙里，系统中心站将用户数据按时隙排列广播发送，所有的 TS（时隙）都可接收到，根据地址信息取出送给自己的数据，下行发送使用一个载波；所有 TS 共享上行载频，在中心站控制下，按分配给自己的时隙将数据突发到中心站。由于 TDMA 的频谱利用率相对 FDMA 要高，在宽带无线接入领域中被广泛采用。

例如，有 8 个用户都处于相同的工作频率，按频分多址系统来看，他们不能同时工作，只能是一个用户工作后，另一个用户才能工作，否则会造成同频干扰。但若采用时分多址方式，把 T_0 时隙分配给第一个用户，或者说第一个用户在时帧 1 到 T_0 工作后隔 $T_1 \sim T_7$ 时隙，又在时帧 2 的 T_0 时隙工作。依此类推，把 T_1 时隙分配第二个用户工作……把 T_7 时隙分配给第八个用户。用这种"分时复用"的方式，可以使同频率的用户同时工作，有效地利用频率资源，提高了系统的容量。例如，一个系统的总频段划分成 124 个频道，若只能按 FDMA 方式，则只有 124 个信道。若在 FDMA 基础上，再采用时分多址，每个频道容纳 8 个时隙，则系统信道总的容量为 124 × 8 = 992 个信道。时分多址原理图如图 2-2-9 所示。

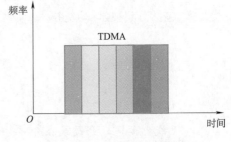

图 2-2-9　时分多址原理图

一般来说 TDMA 多址方式都是在 FDMA 多址方式的基础上使用的，即先把一个频段划分成多个频点，再在每个频点上划分时隙。GSM 系统就是使用了这两种多址方式。

（三）码分多址（CDMA）技术

CDMA 是一种利用扩频技术所形成的不同的码序列实现的多址方式。它不像 FDMA、TDMA 那样把用户的信息从频率和时间上进行分离，它可在一个信道上同时传输多个用户的信息,也就是说,允许用户之间的相互干扰。其关键是信息在传输以前要进行特殊的编码,编码后的信息混合后不会丢失原来的信息。有多少个互为正交的码序列,就可以有多少个用户同时在一个载波上通信。每个发射机都有自己唯一的代码(伪随机码),同时接收机也知道要接收的代码,用这个代码作为信号的滤波器,接收机就能从所有其他信号的背景中恢复成原来的信息码(这个过程称为解扩)。

　　CDMA 通信系统采用不同的地址码来区分用户,系统内所有用户可以使用同一个载波,带宽相同,同时收发信号。CDMA 通信系统的容量是 TDMA 通信系统的 4 ~ 6 倍,是 FDMA 通信系统的 20 倍左右,所以 CDMA 通信系统是第三代数字通信系统的主要方案。

　　(四)空分多址(SDMA)技术

　　空分多址也称为多光束频率复用,通过标记不同方位相同频率的天线光束来进行频率的复用。空分多址可实现频率的重复使用,充分利用频率资源。

　　SDMA 系统可使系统容量成倍增加,使得系统在有限的频谱内可以支持更多的用户,从而成倍地提高频谱使用效率。SDMA 在中国第三代通信系统 TD - SCDMA 中引入,是智能天线技术的集中体现。该方式是将空间进行划分,以取得更多的地址,在相同时间间隙、相同频率段内、相同地址码情况下,根据信号在一空间内传播路径不同来区分不同的用户,故在有限的频率资源范围内,可以更高效地传递信号。在相同的时间间隙内,可以多路传输信号,也可以达到更高效率的传输;当然,引用这种方式传递信号,在同一时刻,由于接收信号是从不同的路径来的,可以大大降低信号间的相互干扰,从而达到信号的高质量。空分多址工作过程如图 2-2-10 所示。

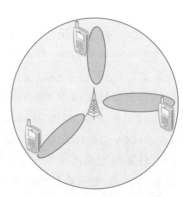

图 2-2-10　空分多址工作过程

任务小结

　　通过本任务学习了衰落对移动通信的影响,并在此基础上学习了通常采用的抗衰落和抗干扰技术,包括分集技术、均衡技术、编码技术等。

※ 思考与练习

一、填空题

　　1. 无线电波通过介质或在介质分界面的连续_____或_____,由发射点传播到接收点。无线电通信是利用无线电波的传播特性而实现的。

　　2. 长波传播距离 300 km 以内主要是靠_____,远距离(2 000 km)传播主要靠_____。

　　3. 超短波主要用于_____、_____、_____等。

　　4. 无线电波分布在_____到_____的频率范围之间。

　　5. 频率_____,传播损耗越小,覆盖距离越远,绕射能力也越强。

　　6. 无线电波自发射地点到接收地点主要有_____、_____、_____ 3 种传播方式。

　　7. 电磁波在传播过程中,由于传播媒介及传播途径随时间的变化而引起的接收信号强弱变化的现象称为_____。

8._____是用来补偿衰落信道损耗的,它通常通过两个或更多的接收天线来实现。

二、选择题

1. ( )也称为天线分集,是无线通信中使用最多的分集技术。

　　A. 时间分集　　　　　　B. 频率分集　　　　　　C. 空间分集　　　　　　D. 极化分集

2. 均衡技术是理论和实践证明,在数字通信系统中插入一种可调( )可以校正和补偿系统特性,减少码间干扰的影响。

　　A. 滤波器　　　　　　B. 双工器　　　　　　C. 合路器　　　　　　D. 功分器

3. 所谓信道编码,也称差错控制编码,就是在发送端对原数据添加( )。

　　A. 加密消息　　　　　　B. 编码消息　　　　　　C. 调制消息　　　　　　D. 冗余信息

4. ( )传播白天天波衰减大,被电离层吸收,主要靠地波传播;夜晚天波参加传播,传播距离较地波远。它主要用于船舶与导航通信,波长为 2 000~200 m 的中波主要用于广播。

　　A. 短波　　　　　　B. 中波　　　　　　C. 长波　　　　　　D. 超长波

5. 在自由空间中由于没有阻挡,电波传播只有( ),不存在其他现象。

　　A. 直射　　　　　　B. 反射　　　　　　C. 折射　　　　　　D. 衍射

6. ( )是由于在电波传输路径上受到建筑物或山丘等的阻挡所产生的阴影效应而产生的损耗。

　　A. 快衰落　　　　　　　　　　　　B. 慢衰落

　　C. 多径衰落　　　　　　　　　　　D. 实践选择性衰落

7. ( )是用来补偿衰落信道损耗的,它通常通过两个或更多的接收天线来实现。

　　A. 调制技术　　　　　　B. 编码技术　　　　　　C. 均衡技术　　　　　　D. 分集技术

8. 在通信中,以下不属于数字调制方式的是( )。

　　A. ASK　　　　　　B. FSK　　　　　　C. MSK　　　　　　D. PSK

三、判断题

1. 不同波长(或频率)的无线电波,传播特性往往不同,应用于通信的范围也不相同。
　　　　　　　　　　　　　　　　　　　　　　　　　　　　　　　( )

2. 频率越高,传播损耗越小,覆盖距离越远,绕射能力也越强。　　　( )

3. 移动通信系统选择所用频段时要综合考虑覆盖效果和容量。　　　( )

4. 所有的无线设备有一点是共同的,即没有有线连接。　　　　　　( )

5. 快衰落产生的原因有以下几种:多径效应、多普勒效应、路径损耗等。( )

6. 分集是接收端对它收到的衰落特性相互独立地进行特定处理,以降低信号电平起伏的办法。
　　　　　　　　　　　　　　　　　　　　　　　　　　　　　　　( )

7. 空间分集主要用于在衰落信道中传输数字信号。　　　　　　　　( )

8. 均衡适用于信号可分离,多径且时延扩展远大于符号宽度的情况。　( )

四、简答题

1. 简述长波、中波、短波的应用范围。

2. 无线电波按照接收地不同如何进行分类？

3. 什么是慢衰落与快衰？

4. 简要介绍分集技术的分类。

5. 简述移动通信技术中编码技术的发展与演进。

6. 什么是多址技术？移动通信系统中多址技术如何分类？

7. 什么是均衡技术？

8. 简述编码的分类及各编码的特点。

项目三

学习 2G 移动通信技术

任务一　学习 GSM 系统组网技术

📺 任务描述

从 GSM 背景着手,了解 GSM 技术特点,逐层深入,学习 GSM 网络结构及其网络接口,并在此基础上学习 GSM 系统的接续技术和管理方法。

📋 任务目标

- 识记:GSM 发展背景及技术特点。
- 掌握:GSM 的网络结构及关键技术。
- 掌握:GSM 切换方式。

📝 任务实施

一、了解 GSM 的背景、发展过程和优势

GSM(全球移动通信系统)在人类通信发展史上具有里程碑式的意义。1G 时代的模拟通信系统虽然开创了新纪元,但是由于其自身的缺点,普及率不高。真正改变人类生活方式的却是 GSM 系统,GSM 系统从 1991 年标准生成到 2011 年走过了整整 20 年,在这 20 年的时间里,GSM 系统已经发展成为全球性的移动通信系统,到目前为止,全球 200 多个国家与地区已经拥有 838 个 GSM 网络,用户数量超过 44 亿,这个数字也许连当初标准的制定者都是没有想到的。2013 年,4G 网络商用,人们也就很少谈论 GSM,但 GSM 依旧存在,它成为 CSFB(语音回落技术)技术的一部分,也就是 4G 网络的补充技术。

（一）GSM 背景

GSM 数字移动通信系统是由欧洲主要电信运营者和制造厂家组成的标准化委员会设计出来的,它是在蜂窝系统的基础上发展而成。蜂窝系统的概念和理论于 20 世纪 60 年代由美国贝

尔实验室等单位提出,但其复杂的控制系统,尤其是实现移动台的控制直到70年代随着半导体技术的成熟、大规模集成电路器件和微处理器技术的发展以及表面贴装工艺的广泛应用,才为蜂窝移动通信的实现提供了技术基础。直到1979年美国在芝加哥开通了第一个AMPS(先进的移动电话业务)模拟蜂窝系统,而北欧也于1981年9月在瑞典开通了NMT(Nordic Mobile Telephone,北欧移动电话,应用于北欧国家、东欧以及俄罗斯)系统,接着欧洲先后在英国开通TACS(Total Access Communications System,全入网通信系统)、德国开通C-450系统等。

蜂窝移动通信的出现是移动通信的一次革命。其频率复用大大提高了频率利用率并增大了系统容量,网络的智能化实现了越区转接和漫游功能,扩大了客户的服务范围,但上述模拟系统有四大缺点:①各系统间没有公共接口;②很难开展数据承载业务;③频谱利用率低,无法适应大容量的需求;④安全保密性差,易被窃听,易做"假机"。尤其是在欧洲系统间没有公共接口,相互之间不能漫游,对客户之间造成很大的不便。

GSM数字移动通信系统史源于欧洲。早在1982年,欧洲已有几大模拟蜂窝移动系统在运营,例如,北欧多国的NMT和英国的TACS,西欧其他各国也提供移动业务。当时这些系统是国内系统,不可能在国外使用。为了方便全欧洲统一使用移动电话,需要一种公共的系统,1982年北欧国家向CEPT(欧洲邮电行政大)提交了一份建议书,要求制定900 MHz频段的公共欧洲电信业务规范。在这次大会上就成立了一个在欧洲电信标准学会(ETSI)技术委员会下的移动特别小组来制定有关的标准和建议书。1986年在巴黎,该小组对欧洲各国及各公司经大量研究和实验后所提出的8个建议系统进行了现场实验。

1987年5月,GSM成员国就数字系统采用窄带时分多址(TDMA)、规则脉冲激励线性预测(RPE-LTP)话音编码和高斯最小频移键控(GMSK)调制方式达成一致意见。同年,欧洲17个国家的运营者和管理者签署了谅解备忘录(Memorandum of Understanding,MoU),相互达成履行规范的协议。与此同时还成立了MoU组织,致力于GSM标准的发展。

1990年完成了GSM900的规范,共产生大约130项的全面建议书,不同建议书经分组而成为一套12个系列。

1991年在欧洲开通了第一个系统,同时MoU组织为该系统设计和注册了市场商标,将GSM更名为"全球移动通信系统"。从此移动通信跨入了第二代数字移动通信系统。同年,移动特别小组还完成了制定1 800 MHz频段的公共欧洲电信业务的规范,名为DCSI800系统。该系统与GSM900具有同样的基本功能特性,因而该规范只占GSM建议的很小一部分,仅将GSM900和DCSI800之间的差别加以描述,绝大部分二者是通用的,二系统均可通称为GSM系统。

1992年,大多数欧洲GSM运营者开始商用业务。到1994年5月已有50个GSM网在世界上运营,10月总客户数已超过400万,国际漫游客户每月呼叫次数超过500万,客户平均增长超过50%。当然现在已经找不到纯粹的GSM用户,它满足不了用户的需求,只能作为现在4G的补充技术,甚至在不久的未来还得面临退网。

(二)GSM发展过程

1982年,CEPT(Conference of European Postal and Telecommunications,欧洲邮政和远程通信会议)启动一个新系统GSM。1987年,CEPT成员达成谅解备忘录(MoU),进行了频率分配。

(1)890～915 MHz上行链路(从移动台至基站)。

(2)935～960 MHz下行链路(从基站到移动台)频点间隔0.2 MHz,双工间隔45 MHz,频点

124 个,移动 1~94 个频点,移动用带宽 19 MHz。

1991 年,世界上第一次使用 GSM 进行通话。1992 年,为 GSM1800 分配新频率。1996 年 12 月,已经有 120 个 GSM 网络在运行。我国自从 1992 年在嘉兴建立和开通第一个 GSM 演示系统,并于 1993 年 9 月正式开放业务以来,全国各地的移动通信系统中大多采用 GSM 系统,使得 GSM 系统成为目前我国最成熟和市场占有量最大的一种数字蜂窝系统。

GSM900 发展的时间早,早期使用较多,GSM1800 发展的时间较晚,后期使用也比较多。物理特性方面,前者频谱较低,波长较长,穿透力较差,但传送的距离较远,其手机发射功率较强,耗电量较大,因此待机时间较短;而后者的频谱较高,波长较短,穿透力佳,但传送的距离短,其手机的发射功率较小,待机时间相应地较长。

紧急呼叫是 GSM 系统特有的一种话音业务功能。即使在 GSM 手机设置了限制呼出和没有插入用户识别卡(SIM)的情况下,只要在 GSM 网覆盖的区域内,用户仅需按一个键,便可将预先设定的特殊号码(如 110、119、120 等)发至相应的单位(警察局、消防队、急救中心等)。这一简化的拨号方式是为在紧急时刻来不及进行复杂操作而专门设计的。

蜂窝移动无线电话发展很快,在模拟移动通信网广泛应用的基础上,各国都在竞相研制数字移动通信系统。为了统一欧洲的系统,欧洲邮政和电信管理联合会(CEPT)与 1982 年组建了移动通信特别小组(GSM),由小组负责泛欧网标准的制定。

GSM 欧洲网统一的基本要求如下:

(1)可自动连续覆盖欧洲,能和 ISDN 互连,既可车载又可手持。

(2)其通话质量至少和现有的系统相同。

(3)在 CEPT 规定频带上,其频率有效利用率高于现有系统,而且初期就可与现有系统兼容。

(4)其结构以 CCITT 的 PLMN 为基础,也包括使用 CCITT 的 No.7 信令。

根据以上要求,欧洲一些国家都进行了研究核试验,1985 年前后陆续公布了各自的方案,较典型的是:联邦德国的 S900D、瑞典的 DMS900、法国的 SFH900、联邦德国—法国的 CD900、联邦德国的 MATS-D。1989 年 GSM 确定了以 DMS900 为基础的窄带 TDMA 体制,称为 GMS 系统。1988 年 GSM 完成了技术规范制定,紧接着进行了商业开发,目前已经有多个系统在欧洲运行。

与此同时,北美也积极研究了数字蜂窝系统,但与 GSM 欧洲网的目的不同。GSM 是要求统一欧洲的制式,而北美的目的仅仅是为了扩容,由于当时美国移动用户已超过 1 500 万户,频段非常拥挤,只能在现有的频段上进行了扩容。1988 年,美国蜂窝电信工业协会(CTIA)和电信工业协会(TIA)建立了一个技术委员会,研究并现场实验北美的数字蜂窝移动通信系统。1989 年,美国电子工业协会(EIA)提出了技术规范书,命名为 IS-54,其基本的思想是在现有的 AMPS 的基础上加以改造,形成数模兼容式的系统,准备从模拟逐步向数字过渡,因此又称 IS-54 为 DAMPS(或 NACS)。此外,日本在继 GSM 和 IS-54 之后,也提出了一套数字蜂窝移动通信系统的方案(JDCS)。我国已经在积极组织这方面的研究工作,具体规范也已经制定出来。

(三)GSM 的优势

GSM 系列主要有 GSM900、DCS1800 和 PCS1900 三部分,三者之间的主要区别是工作频段的差异。GSM 系统有几项重要特点:防盗拷能力佳、网络容量大、手机号码资源丰富、通话清晰、稳定性强不易受干扰、信息灵敏、通话死角少、手机耗电量低。

我国主要的两大 GSM 系统为 GSM900 及 GSM1800,由于采用了不同频率,因此适用的手机也不尽相同。大多数手机是双频手机,可以自由在这两个频段间切换。欧洲国家普遍采用的系统除 GSM900 和 GSM1800,另外加入了 GSM1900,手机为三频手机。在我国随着手机市场的进一步发展,手机也可在 GSM900\GSM1800\GSM1900 三种频段内自由切换,做到了一部手机可以畅游全世界。

GSM 能够有效地使用无线频率,并且由于采取数字无线信道,系统能容许更多的区间干扰。其特点包括:

(1)可以获得较模拟蜂窝系统更好的平均话音质量。

(2)全网支持数据传输。

(3)语音加密和用户安全性得到保证。

(4)由于和 ISDN 的兼容性,能够提供新业务(和模拟系统相比)。

(5)在采用 GSM 系统的所有国家范围内,国际漫游在技术上成为可能。

(6)巨大的市场加剧竞争,降低了投资和使用价格。

二、掌握 GSM 系统网络组成与接口协议

(一)GSM 网络结构

GSM 系统主要由移动台(MS)、网络子系统(NSS)、基站子系统(BSS)和操作支持子系统(OSS)四部分组成,如图 3-1-1 所示。具体可分为 MS(移动台)、BTS(基站收发信台)、BSC(基站控制器)、NMC(网络管理中心)、DPPC(数据后处理系统)、SEMC(安全性管理中心)、PCS(用户识别卡个人化中心)、EIR(设备识别寄存器)、MSC(移动交换中心)、VLR(拜访位置寄存器)、HLR(归属位置寄存器)、AUC(鉴权中心)、OMC(操作维护中心)、PSTN(公用电话网)、ISDN(综合业务数字网)、PDN(公用数据网)。

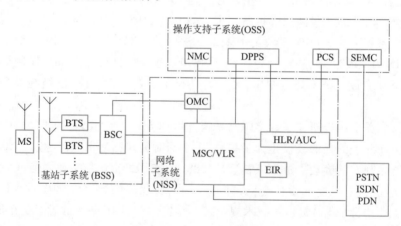

图 3-1-1 GSM 系统结构

1. 移动台(MS)

移动台是整个系统中直接由用户使用的设备,可分为车载型、便携型和手持型 3 种。应当指出的是,在 GSM 系统中,物理设备与移动用户是相互独立的。也就是说,用户的所有信息都存储在 SIM 卡(用户识别卡)上,比如用户的手机号码。系统中的任何一个移动台都可以利用 SIM 卡来识别移动用户。由网络来进行相关的认证,保证使用移动网的是合法用户。移动台有

自己的识别码 IMEI，称为国际移动台设备识别号。每个移动台的 IMEI 都是唯一的，网络对 IMEI 进行检查，可以保证移动台的合法性。

2. 网络子系统（NSS）

网络子系统 NSS 包括实现 GSM 的主要交换功能的交换中心以及管理用户数据和移动性所需的数据库，有时也称为交换子系统。它由一系列功能实体构成，各功能实体间以及 NSS 与 BSS 之间通过符合 CCITT（国际电报电话咨询委员会）信令系统 NO.7 协议规范的 7 号信令网络互相通信。其主要作用是管理 GSM 用户和其他网络用户之间的通信。

网络子系统由移动交换中心（MSC）、归属位置寄存器（HLR）、拜访位置寄存器（VLR）、设备识别寄存器（EIR）、鉴权中心（AUC）和操作维护中心（OMC）等功能实体构成。

MSC 是 GSM 系统的核心，完成最基本的交换功能，即完成移动用户和其他网络用户之间的通信连接；完成移动用户寻呼接入、信道分配、呼叫接续、话务量控制、计费、基站管理等功能；提供面向系统其他功能实体的接口、到其他网络的接口以及与其他 MSC 互连的接口。

HLR 是系统的中央数据库，存放与用户有关的所有信息，包括用户的 MSISDN、用户类别、漫游权限、IMSI、Ki、基本业务、补充业务及当前位置信息等，从而为 MSC 提供建立呼叫所需的路由信息。一个 HLR 可以覆盖几个 MSC 服务区甚至整个移动网络。

VLR 存储了进入其覆盖区的所有用户的信息，为已经登记的移动用户提供建立呼叫接续的条件。VLR 是一个动态数据库，需要与有关的归属位置寄存器 HLR 进行大量的数据交换以保证数据的有效性。当用户离开该 VLR 的控制区域时，则重新在另一个 VLR 登记，原 VLR 将删除临时记录的该移动用户数据。在物理上，MSC 和 VLR 通常合为一体。

AUC 是一个受到严格保护的数据库，存储用户的鉴权信息和加密参数。在物理实体上，AUC 和 HLR 共存。

EIR 存储与移动台设备有关的参数，可以对移动设备进行识别、监视和闭锁等，防止未经许可的移动设备使用网络。

3. 基站子系统（BSS）

广义来说，基站子系统包含了 GSM 数字移动通信系统中无线通信部分的所有基础设施，它通过空中无线接口直接与移动台实现通信连接，同时又连到网络端的交换机，为移动台和交换子系统提供传输通路，因此，BSS 可以看作移动台与交换机之间的桥梁。按 GSM 规范提出的基本结构，BSS 由两个基本部分组成，通过无线接口与移动台一侧相连的基站收发信台（BTS）和与交换机一侧相连的基站控制器（BSC）。

从功能上看，BTS 主要负责无线传输，BSC 主要负责控制和管理。在这里需要指出的是，在 GSM 规范中，一个基站子系统 BSS 是指一个 BSC 以及由它所管辖的所有 BTS，而不是一个交换机所带的无线系统，即 BSS = BSC + n 个 BTS。

BTS 在网络的固定部分和无线部分之间提供中继，移动用户通过空中接口与 BTS 相连。BTS 包括收发信机和天线，以及与无线接口有关的信号处理电路等，它也可以看作是一个复杂的无线解调器。在 GSM 系统中，为了保持 BTS 尽可能简单，BTS 往往只包含那些靠近无线接口所必需的功能。BSC 通过 BTS 和移动台的远端命令管理所有的无线接口，主要是进行无线信道的分配、释放以及越区信道切换的管理等，起着 BSS 系统中交换设备的作用。BSC 由 BTS 控制部分、交换部分和公共处理器部分等组成。根据 BTS 的业务能力，一台 BSC 可以管理多达几十个 BTS。此外，BSS 还包括码型变换器（TC）。码型变换器在实际应用中一般是置于 BSC 和

MSC 之间,因为 BSS 内使用 16kbs 的 RPE-LTP 编码方案,而 MSC 侧使用的 64 kbs 的 PCM 编码方案,为了实现互通,必须要有一个设备进行码型转换,这个设备就是 TC。这里值得注意的是,TC 可以嵌入在基站子系统 BSS 内,和 BSC 合成在一个物理实体中,也可以进行 TC 远置,把 TC 单元放在 MSC 侧。

4. 操作支持子系统(OSS)

OSS 是 GSM 系统的操作维护部分,GSM 系统的所有功能单元都可以通过各自的网络连接到 OSS,通过 OSS 可以实现 GSM 网络各功能单元的监视、状态报告和故障诊断等功能。

OSS 分为两部分:OMC-S(操作维护中心-系统部分)和 OMC-R(操作维护中心-无线部分)。OMC-S 用于 NSS 系统的操作和维护,OMC-R 用于 BSS 系统的操作和维护。

(二)GSM 网络接口

GSM 系统的各种接口如图 3-1-2 所示。

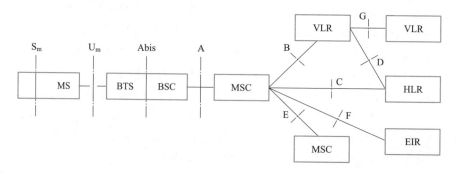

图 3-1-2　GSM 系统接口

S_m 接口为人机接口,是用户与移动网之间的接口,在移动设备中实现。它包括键盘、液晶显示器以及 SIM 卡等。

U_m 接口(空中接口)定义为移动台与基站收发信台(BTS)之间的通信接口,用于移动台与 GSM 系统的固定部分之间的互通,其物理链接通过无线链路实现。此接口传递的信息包括无线资源管理、移动性管理和接续管理等。无线接口的不同是数字移动通信网与模拟移动通信网主要区别之一。

A 接口定义为网络子系统(NSS)与基站子系统(BSS)之间的通信接口,从系统的功能实体来说,就是移动业务交换中心(MSC)与基站控制器(BSC)之间的互联接口,其物理链接通过采用标准的 2.048 Mbit/s PCM 数字传输链路来实现。此接口传递的信息包括移动台管理、基站管理、移动性管理、接续管理等。

Abis 接口定义为基站子系统的两个功能实体基站控制器(BSC)和基站收发信台(BTS)之间的通信接口,用于 BTS(不与 BSC 并置)与 BSC 之间的远端互连方式,物理链接通过采用标准的 2.048 Mbit/s 或 64 kbit/s PCM 数字传输链路来实现。

B 接口是 MSC 与 VLR 之间的接口。VLR 是移动台在相应的 MSC 控制区域内进行漫游时的定位和管理数据库。MSC 可以向 VLR 查询和更新移动台的当前位置。当用户使用特殊的附加业务或改变相关业务时,MSC 将通知 VLR。需要时,相应的 HLR 也要更新。

C 接口是 MSC 与 HLR 之间的接口,主要用于传递管理与路由选择信息。当呼叫结束时,相应的 MSC 向 HLR 发送计费信息。当固定网不能查询 HLR 以获得所需移动用户位置信息时,有关的 GMSC 就应查询此用户归属的 HLR,以获得被呼移动台的漫游号码,再传递给固定网。

D 接口是 HLR 与 VLR 之间的接口,用于移动台位置和用户管理的信息交换。为支持移动用户在整个服务区内发起或接收呼叫,两个位置寄存器间必须交换数据。VLR 将归属于 HLR 的移动台当前位置通知 HLR,再提供该移动台的漫游号码;HLR 向 VLR 发送支持该移动台服务所需的所有数据。当移动台漫游到另一个 VLR 服务区时,HLR 应通知原来的 VLR 消除移动台的有关信息。当移动台使用附加业务或改变某些参数时,也要用于 D 接口交换信息。

E 接口是移动交换中心之间的接口,在两个 MSC 之间交换有关越区切换信息。当移动台在通话过程中从一个 MSC 服务区移动至另一个 MSC 服务区时,为维持连续通话,要进行越区切换。此时,在相应 MSC 之间通过 E 接口交换切换过程中所需的信息。

F 接口是 MSC 与 EIR 之间的接口,用于在 MSC 与 EIR 之间交换有关移动设备的管理信息,例如国际移动台设备识别码等。

G 接口是 VLR 之间的接口,当某个移动台使用临时移动台号码(TMSI)在新的 VLR 中登记时,通过 G 接口在 VLR 之间交换有关信息。此接口还用于从登记 TMSI 的 VLR 中检索用户的国际移动用户识别码 IMSI。

大开眼界

"跑马圈地"和"免费搬迁"

GSM 规范中对 Abis 接口的协议并没有做详细的规定,不同的厂家都有自己的理解和定义,从而导致了不同的厂家之间的 BSC 和 BTS 不能混用,例如,不能既在局端机房里安装华为的 BSC,又在基站里安装爱立信的 BTS,它们所采用的协议可能有差别,有可能导致无法完成通信。

传统的设备商利用 Abis 的这一特性,在运营商一期、二期购买无线设备时利用微利润甚至负利润来抢占市场份额,也就是圈地。一旦圈地完成了,一个地市采用了某个设备商的 BSC 和 BTS,由于 Abis 接口协议具有不能通用的特殊属性,其他厂家的基站就再也无法插足期中。设备商通过后期的升级、扩容、维保等长期收益来获得补偿。

华为和中兴崛起后针对"跑马圈地"采取了"免费搬迁"的策略。所谓免费搬迁即把一个个地市整网免费替换掉,搬到别的地市当基站或者备件。在世界通信版图 2G 格局已经划定的情况下,"免费搬迁"策略被多个新兴的设备商所采用,用于对抗传统设备商的"跑马圈地"策略。

三、学习 GSM 系统的接续和管理

GSM 移动通信系统的出现,使通信技术的发展向前迈进了一大步:蜂窝移动通信技术的发展,使移动通信技术从大区制到小区制转变;随着小区制的出现,移动通信的移动性管理越来越困难,成为制约移动通信发展的一大难题,而 GSM 移动通信系统则很好地解决了移动性管理的问题。

(一)硬切换

硬切换(Handover)是指在移动通信过程中,在保证通信不间断的前提下,把通信的信道从一个无线信道转换到另一个无线信道的功能。这是移动通信系统不可缺少的重要功能。用户

在通话过程中,从一个基站覆盖区移动到另一个基站覆盖区时,或由于受到外界的干扰或其他原因使通信质量下降时,使用中的话音信道就会自动发出一个请求转换信道的信号,通知移动通信业务交换中心,请求转换到另一个覆盖区基站的信道上,或者转换到另一条接收质量较好的信道上,以保证正常的通信。信道切换的方式可分为硬切换和软切换两种。

硬切换是指不同小区间采用先断开、后连接的方式进行切换。硬切换是 GSM 网络移动性管理的基本算法。

硬切换是在不同频率的基站或覆盖小区之间的切换。这种切换的过程是移动台(手机)先暂时断开通话,在与原基站联系的信道上传送切换的信令,移动台自动向新的频率调谐,与新的基站接上联系,建立新的信道,从而完成切换的过程。简单来说,就是"先断开、后切换",切换过程中约有 1/5 s 时间的短暂中断,这是硬切换的特点。在 FDMA 和 TDMA 系统中,所有的切换都是硬切换。当切换发生时,手机总是先释放原基站的信道,然后才能获得新基站分配的信道,是一个"释放 – 建立"的过程,切换过程发生在两个基站过渡区域或扇区之间,两个基站或扇区是一种竞争的关系。如果在一定区域里两基站信号强度剧烈变化,手机就会在两个基站间来回切换,产生所谓的"乒乓效应"。这样一方面给交换系统增加了负担,另一方面也增加了掉话的可能性。

广泛使用的"全球通(GSM)"系统就是采用这种硬切换的方式。因为原基站和移动到的新基站的电波频率不同,移动台在与原基站的联系信道切断后,往往不能马上建立新基站的新信道,这时就出现一个短暂的通话中断时间。在"全球通"系统,这个时间大约是 200 ms,对通话质量有些影响。

(二)位置更新

由于移动用户的移动性,移动用户的位置常处于变动状态。为了呼叫业务、短消息业务、补充业务等处理时便于获取移动用户的位置信息,提高无线资源的有效利用率,要求移动用户在网络中进行位置信息登记和报告移动用户的激活状态,即发起位置更新业务,如图 3-1-3 所示。位置更新类型分为一般位置更新、周期性位置更新和 IMSI(国际移动用户识别码)附着/分离三类。

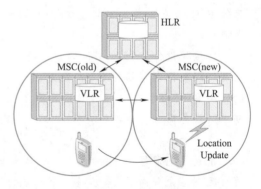

图 3-1-3 位置更新

1. 一般位置更新

用户漫游发生位置区改变时,移动台(MS)主动发起位置更新操作,如果原位置区(LA)与新 LA 都属于同一个 MSC/VLR,则可以简单地在 VLR 中修改;如果不属于同一个 MSC/VLR,则新 MSC/VLR 就要向 HLR 要求获得该 MS 的数据。HLR 在送出新 MSC/VLR 所需信息的同时,通知原 MSC/VLR 进行位置删除,并在新的 MSC/VLR 中注册该 MS,在 HLR 中登记 MS 的 MSC 号码/VLR 号码。

2. 周期性位置更新

当 MS 关机时,有可能因为无线质量差或其他原因,GSM 系统无法获知,而仍认为 MS 处于"附着"状态。或者 MS 开着机,漫游到覆盖区以外的地区(即盲区),GSM 系统也无法知道,仍认为 MS 处于"附着"状态。在这两种情况下,该用户若被呼叫,系统将不断地发出寻呼消息,无效占用无线资源。

为了解决上述问题,GSM 系统采取了强制登记的措施。要求 MS 每过一定时间登记一次,这就是周期性位置更新。但如果用户长时间无操作(由系统管理员灵活设置,一般为 24 h),VLR 将自动删除该用户数据,并通知 HLR。

3. IMSI 附着/分离

当 MS 关机(或 SIM 卡拿掉后),该 MS 不能建立任何连接。如果 MSC 仍然对它进行正常的寻呼,必然浪费宝贵的资源。IMSI 附着/分离过程的引入就是为了克服这种不必要的浪费。

用户开机时要发起位置更新操作,其当前所在的位置区将登记在用户所在的 MSC/VLR 中。如果当前 MSC/VLR 中没有用户记录,则根据用户 IMSI 向 HLR 请求用户数据。HLR 记录用户当前位置(记录当前的 MSC/VLR 号码),并将用户数据传送给 MSC/VLR。MSC/VLR 将用户状态置为"附着"。

如果 MSC/VLR 中有用户数据,则不必向 HLR 要数据,只发起 MSC/VLR 内的位置更新操作,然后将用户状态置为"附着"。

当 MS 关机时,MS 发消息给 MSC/VLR,网络收到后认为 MS 已经关机,从而将用户状态置为"分离"。

任务小结

通过本任务学习了 GSM 发展的背景及技术特点,以及 GSM 的网络结构和关键技术,最后说明了 GSM 硬切换和位置更新方式。

任务二 讨论 CDMA 系统组网技术

任务描述

从 CDMA 背景着手,了解 CDMA 技术特点,逐层深入,学习 CDMA 码分序列及 CDMA 的关键技术。

任务目标

- 识记:CDMA 发展及其技术特点。
- 领会:IS-95 CDMA 码序列。
- 掌握:CDMA 的一些关键技术。

任务实施

一、了解 CDMA 的发展及特点

20 世纪 80 年代末期,人们将 CDMA 技术应用于数字通信领域。CDMA(Code Division Multiple Access,码分多址)是在数字技术的分支——扩频通信技术的基础上发展起来的一种崭

新而成熟的无线通信技术,由于其频率利用率高、抗干扰能力强,因此第三代移动通信技术系统的主流标准全部基于 CDMA 技术。早在 1989 年,美国高通(Qualcomm)公司成功开发 CDMA 蜂窝系统。1993 年 7 月,美国公布了由 Qualcomm 提出并由美国电信工业协会通过的基于 CDMA 的 IS-95 标准,称为"双模式带宽扩频蜂窝系统的移动台——基站兼容标准",与采用时分多址技术(TDMA)的欧洲 GSM 标准并称为第二代移动通信系统中的两大技术标准。1995 年 11 月,世界上第一个 IS-95 CDMA 系统开通使用。到 20 世纪 90 年代末,IS-95 已经在中国、美国、韩国等多个国家和地区投入商用。1999 年 3 月,中国联通集团采用 CDMA 技术建设运营移动通信网络。

最初,IS-95 CDMA 系统的工作频段是 800 MHz,载波频带宽度为 1.25 MHz,信道承载能力有限,仅能提供 8 kbit/s 编码语音服务和简单的数据业务。随着技术的不断发展,在随后几年中,该标准经过不断修改,又出版了支持 1.9 GHz 的 CDMA PCS 系统的 STD-008 标准,支持 13 kbit/s 语音编码器的 TS B74 标准。其 13 kbit/s 编码语音服务质量已非常接近有线电话的语音质量。

CDMA 移动通信网是由扩频、多址接入、蜂窝组网和频率复用等几种技术结合而成,具有频域、时域和码域三维信号处理协作功能,因此它具有抗干扰性好,抗多径衰落,保密安全性高,同频率可在多个小区内重复使用,容量和质量之间可做权衡取舍等属性。这些属性使 CDMA 比其他系统有很大的优势。

二、认识 IS-95CDMA 码序列

扩频通信技术:在发端采用扩频码调制,使信号所占的频带宽度远大于所传信息必需的带宽,在收端采用相同的扩频码进行相关解调来解扩以恢复所传信息数据。

理论基础是根据香农(C. E. Shannon)在信息论研究中总结出的信道容量公式,即香农公式 $C = W \times \log_2(1 + S/N)$。式中,$C$ 指信息的传输速率;S 指标示有用信号功率;W 指频带宽度;N 指噪声功率。

由香农公式可以看出,为了提高信息的传输速率 C,可以从两种途径实现:加大带宽 W 或提高信噪比 S/N。换句话说,当信号的传输速率 C 一定时,信号带宽 W 和信噪比 S/N 是可以互换的,即增加信号带宽可以降低对信噪比的要求。当带宽增加到一定程度时,允许信噪比进一步降低,有用信号功率接近噪声功率甚至淹没在噪声之下也是可能的。扩频通信就是用宽带传输技术来换取信噪比上的好处,这就是扩频通信的基本思想和理论依据。

通过 CDMA 系统最核心的技术扩频通信,可以看出扩频码在中间起到了至关重要的作用。CDMA IS-95 扩频码前向为 Walsh 码和 PN 短码,反向为 PN 长码。

WALSH 码是一种同步正交码,即在同步传输情况下,利用 Walsh 码作为地址码具有良好的自相关特性和处处为零的互相关特性。此外,Walsh 码生成容易,应用方便。

Walsh 码来源于 H 矩阵,根据 H 矩阵中" +1"和" -1"的交变次数重新排列就可以得到 Walsh 矩阵,该矩阵中各行列之间是相互正交(Mutual Orthogonal)的,可以保证使用它扩频的信道也是互相正交的。对于 CDMA 前向链路,采用 64 阶 Walsh 序列扩频,每个 W 序列用于一种前向物理信道(标准),实现码分多址功能。信道数记为 W0-W63,码片速率为 1.228 8 Mc/s。沃尔什序列可以消除或抑制多址干扰(MAI)。理论上,如果在多址信道中信号是相互正交的,那么多址干扰可以减少至零。然而实际上由于多径信号和来自其他小区的信号与所需信号是不同步的,共信道干扰不会为零。异步到达的延迟和衰减的多径信号与同步到达的原始信号不

是完全正交的,这些信号就带来干扰。来自其他小区的信号也不是同步或正交的,这也会导致干扰发生。在反向链路中,沃尔什码序列仅用作扩频。

IS-95a 定义的 CDMA 系统采用 64 阶 walsh 函数,它们在前、反向链路中的作用是不同的。对于前向链路,依据两两正交的 walsh 序列,将前向信道划分为 64 个码分信道,码分信道与 walsh 序列一一对应。对于反向链路,walsh 序列作为调制码使用,即 64 阶正交调制。

伪随机(或伪噪声,Pseudo random Noise,PN)码序列是一种常用的地址码。伪随机码序列具有类似于随机序列的基本特性,是一种貌似随机但实际上是有规律的周期性二进制序列。如果发送数据序列经过完全随机性的加扰,接收机就无法恢复原始序列。在实际系统中使用的是一个足够随机的序列,一方面这个随机序列对非目标接收机是不可识别的,另一方面目标接收机能够识别并且很容易同步地产生这个随机序列。

常见 PN Offset 就是指 PN 码偏置指数,在 IS-95A CDMA 系统中,PN 短码的周期是 32 768(2 的 15 次方)chip(码片),将短码每隔 64 chip 进行划分,于是得到了 512(=32 768/64)个不同相位的短码,将这些短码按 0~511 顺序编号,将该编号称为 PN 码偏置指数。而这 512 个 PN Offset 值并不一定能全部被使用,需要根据网络的规模等实际情况确定了步长(Pilot INC)后才能最终确定可以使用的 PN Offset 值。图 3-2-1 所示为 CDMA IS95 PN 码结构示意图。

前向信道	长码扰码、短码正交扩频(标识基站)
反向信道	长码扩频(标识用户)、短码正交调制

图 3-2-1　CDMA IS95 PN 码结构示意图

三、掌握 IS-95 CDMA 蜂窝网关键技术

(一)软切换技术

采用频分多址方式的模拟蜂窝系统移动台的越区切换必须改变信道频率,即硬切换。在 TDMA 数字蜂窝系统中,移动台的越区切换不仅要改变时隙,而且要改变频率,因此也属于硬切换。在移动台从一个基站覆盖区进入另一个基站覆盖区时,所有的硬切换都是先断掉与原基站的联系,然后再寻找新覆盖区的基站进行联系,这就是通常所说的先断后接。这种切换方式会因手机进入屏蔽区或信道繁忙而无法与新基站联系时产生掉话现象。

手机用户对网络的最大意见就是掉话。这是因为手机越区切换时采用的是"硬切换",当然这个断的时间差仅几百毫秒,在正常情况下人们无法感觉到,只是一旦手机因进入屏蔽区或信道繁忙而无法与新基站联系时,掉话就会产生;而现在双模手机采用的是"软切换"技术,在越区切换时,双模手机并不断掉与原基站的联系而同时与新基站联系,当手机确认已经和新基站联系后,才将与原基站的联系断掉,也就是"先接后断",掉话的可能几近于无,如图 3-2-2 所示。其中,RNC 指无线网络控制器。

(二)功率控制

所谓的功率控制,就是在无线传播上对手机或基站的实际发射功率进行控制,以尽可能降低基站或手机的发射功率,这样就能达到降低手机和基站的功耗以及降低整个网络干扰这两个目的。当然,功率控制的前提是要保证正在通话的呼叫拥有比较好的通信质量。可以通过图 3-2-3 所示来简单说明一下功率控制过程。

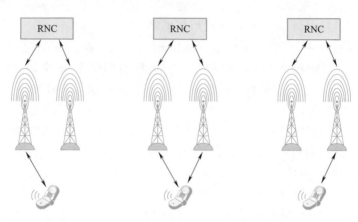

图 3-2-2 软切换工作过程

由于在 A 点的手机离基站的天线比较远,而电波在空间的传播损耗与距离的 N 次方成正比,因此,为了保证一定的通信质量,A 点的手机通信时就要使用比较大的发射功率。相比而言,由于 B 点离基站的发射天线比较近,传播损耗也就比较小,因此,为了得到类似的通信质量,B 点的手机通信时就可以使用比较小的发射功率。当一个正在通话的手机从 A 点向 B 点移动时,功率控制可以使它的发射功率逐渐减小,相反,当正在通话的手机从 B 点向 A 点移动时,功率控制可以使它的发射功率逐渐增大。

功率控制可以分为上行功率控制和下行功率控制,上行和下行功率控制是独立进行的。所谓的上行功率控制,也就是对手机的发射功率进行控制,而下行功率控制,就是对基站的发射功率进行控制。不论是上行功率控制还是下行功率控制,通过降低发射功率,都能够减少上行或下行方向的干扰,同时降低手机或基站的功耗,表现出来的最明显的好处就是:整个网络的平均通话质量大大提高,手机的电池使用时间也大大延长。

提供功率控制过程进行决策的原始信息是来自手机和基站的测量数据,通过处理和分析这些原始数据,做出相应的控制决策。与切换控制过程类似,整个功率控制过程如图 3-2-4 所示。

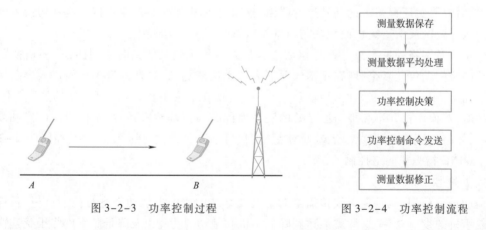

图 3-2-3 功率控制过程

图 3-2-4 功率控制流程

1. 测量数据保存

与功率控制有关的测量数据类型包括:上行信号电平、上行信号质量、下行信号电平和下行信号质量。

2. 测量数据平均处理

为了减小复杂的无线传输对测量值带来的影响,对测量数据的平滑处理一般采用前向平均法。也就是说在功率控制决策时,使用的是多个测量值的平均值。对不同的测量数据类型,求平均的过程中参数设置可以不一样,也就是说所使用的测量数据的个数可以不一样。

3. 功率控制决策

功率控制决策需要 3 个参数:一个门限值、一个 N 值和一个 P 值。若最近的 N 个平均值中有 P 个超过门限值,就认为信号电平过高或信号质量太好,若最近的 N 个平均值中有 P 个低于门限值,则认为信号电平过低或信号质量太差。

根据信号电平或信号质量的好坏,手机或基站就可以判断如何控制发射功率,提高或降低的幅度由预先配置好的值决定。

4. 功率控制命令发送

根据功率控制决策的结论,将相应的控制命令通知基站,由基站负责执行或转发给手机。

5. 测量数据修正

在功率控制之后,原先的测量数据和平均值已经没有意义,如果仍旧原封不动地保留,会造成后面的错误功率控制决策,因此,要将原来的这些数据全部废弃,或对其进行相应的修正,使得数据仍旧可以继续使用。

功率控制的速度最快是 480 ms 一次,实际上也就是测量数据的最快上报速度。也就是说,一个完整功率控制过程最快是 480 ms 被执行一次。

大开眼界

功控频率对比

GSM 系统的功率控制频率大约为 2 Hz,而 WCDMA 的功率控制频率为 1 500 Hz,CDMA 的功率控制为 800 kHz,TD-SCDMA 的功控频率为 200 kHz。为什么 GSM 与其他 3G 系统的差别这么大呢? 因为 GSM 是异频组网,同频的干扰较小,而码分多址系统都是同频组网,同频的干扰非常大,所以对功控的要求非常高。

任务小结

通过本任务,学习了整个 2G 系统的两个制式:GSM 和 CDMA,可使学生逐层深入,对 2G 网络系统能有全面的认识,并为后续的学习打下基础。

※ 思考与练习

一、填空题

1. GSM 数字移动通信系统是由_____主要电信运营者和制造厂家组成的标准化委员会设计出来的,它是在_____系统的基础上发展而成。

2. 1987 年 CEPT 成员达成谅解备忘录（MoU），进行了频率分配。890～915 MHz 用于_____，从_____至_____。

3. GSM 系列主要有_____、_____和 PCS1900 三部分，三者之间的主要区别是工作频段的差异。

4. GSM 系统主要由_____、_____、_____和_____四部分组成。

5. _____接口定义为基站子系统的两个功能实体基站控制器（BSC）和基站收发信台（BTS）之间的通信接口

6. 扩频通信技术：在发端采用_____调制，使信号所占的频带宽度远大于所传信息必需的带宽。

7. 伪随机（或伪噪声，Pseudorandom Noise，PN）码序列是一种常用的_____。

8. 提供功率控制过程进行决策的原始信息是来自手机和基站的_____，通过_____和_____这些原始数据，做出相应的控制决策。

二、选择题

1. 不论是上行功率控制还是下行功率控制，通过（　　），都能够减少上行或下行方向的干扰，同时降低手机或基站的功。

　　A. 降低发射功率　　　　　　　　　　　　B. 增加发射功率

　　C. 改变用户移动速度　　　　　　　　　　D. 以上均可

2. （　　）定义为网络子系统（NSS）与基站子系统（BSS）之间的通信接口，从系统的功能实体来说，就是移动业务交换中心（MSC）与基站控制器（BSC）之间的互联接口。

　　A. A 接口　　　　　B. B 接口　　　　　C. Abis 接口　　　　　D. D 接口

3. （　　）是系统的中央数据库，存放与用户有关的所有信息。

　　A. MSC　　　　　　B. HLR　　　　　　C. VLR　　　　　　D. AUC

4. OMS 是 GSM 系统的（　　）部分，GSM 系统的所有功能单元都可以通过各自的网络连接到 OMS。

　　A. 基站子系统　　　　B. 网络交换　　　　C. 操作维护　　　　D. 数据存储

5. 1987 年（　　）成员达成谅解备忘录（MoU），进行了 GSM 频率分配。

　　A. CEPT　　　　　　B. CPEC　　　　　　C. CMCC　　　　　　D. ITU-C

6. BTS 包括收发信机和天线，以及与无线接口有关的信号处理电路等，它也可以看作是一个复杂的（　　）。

　　A. 编码器　　　　　B. 信号调制器　　　　C. 基站双工器　　　　D. 无限解调器

7. （　　）是指在移动通信的过程中，在保证通信不间断的前提下，把通信的信道从一个无线信道转换到另一个无线信道的这种功能。

　　A. 位置更新　　　　B. 编码　　　　　　C. 调制　　　　　　D. 切换

8. 常见 PN Offset 就是指 PN 码偏置指数，在 IS-95A CDMA 系统中，PN 短码的周期是（　　）。

　　A. 32 767　　　　　B. 32 768　　　　　C. 32 769　　　　　D. 32 770

三、判断题

1. 采用频分多址方式的模拟蜂窝系统移动台的越区切换必须改变信道频率，通常称为软切换。　　　　　　　　　　　　　　　　　　　　　　　　　　　　　　　　　（　　）

2. 功率控制可以分为上行功率控制和下行功率控制,上行和下行功率控制是独立进行的。

                     (   )

3. 在功率控制之后,原先的测量数据和平均值已经没有意义,如果仍旧原封不动地保留,会造成后面的错误功率控制决策。   (   )

4. 如果用户长时间无操作(由系统管理员灵活设置,一般为 24 h),HLR 将自动删除该用户数据,并通知 VLR。   (   )

5. 现在广泛使用的"全球通(GSM)"系统就是采用这种硬切换的方式。 (   )

6. G 接口是 MSC 与 EIR 之间的接口,用于在 MSC 与 EIR 之间交换有关移动设备的管理信息。   (   )

7. BTS 在网络的固定部分和无线部分之间提供中继,移动用户通过空中接口与 BTS 相连。

                     (   )

8. GSM 系统有几项重要特点:防盗拷能力佳、网络容量大、手机号码资源丰富、通话清晰、稳定性强不易受干扰、信息灵敏、通话死角少、手机耗电量低。   (   )

四、简答题

1. 简述 GSM 的发展历程。

2. 画出 GSM 的网络结构。

3. 简述 GSM 网络结构中 A 接口、Abis 接口、Um 接口。

4. 简述 GSM 网络交换系统由哪几部分组成。

5. 简述切换及切换的分类。

6. 简述位置更新的分类。

7. 简述扩频通信技术。

8. 简述功率控制及功率控制的过程。

项目四
学习3G移动通信技术

任务一　认识 TD-SCDMA

任务描述

本任务的目的就是了解 TD-SCDMA 及后续发展,学习 TD-SCDMA 物理层工作过程,掌握该系统的关键技术。

任务目标

- 识记:TD-SCDMA 发展背景及技术特点。
- 掌握:TD-SCDMA 物理层过程。
- 掌握:TD-SCDMA 的关键技术。

任务实施

一、了解 TD-SCDMA

TD-SCDMA 时分-同步码分多址(Time Division-Synchronous Code Division Multiple Access,TD-SCDMA)是国际电信联盟(ITU)批准的 3 个 3G 移动通信标准中的一个。相对于另两个主要 3G 标准(CDMA 2000 和 WCDMA),它的起步较晚。

该标准是我国制定的 3G 标准。1998 年 6 月 29 日,我国原邮电部电信科学技术研究院(现大唐电信科技股份有限公司)向 ITU 提出了该标准(原标准研究方为西门子,为了独立出WCDMA,西门子将其核心专利卖给了大唐电信);之后在加入 3G 标准时,中国信息产业部(现工业和信息化部)官员以给予中国市场爱立信和诺基亚等电信厂商为条件,要求他们给予支持。该标准将智能天线、同步 CDMA 和软件无线电(SDR)等技术融于其中。

TD-SCDMA 在频谱利用率、对业务支持具有灵活性、频率灵活性及成本等方面有独特优势。由于采用时分双工,上行和下行信道特性基本一致,基站根据接收信号估计上行和下行信道特性比较容易。因此,TD-SCDMA使用智能天线技术有先天的优势,而智能天线技术的使用又引入了SDMA的优点,可以减少用户间干扰,从而提高频谱利用率。

TD-SCDMA还具有TDMA的优点,可以灵活设置上行和下行时隙的比例而调整上行和下行的数据速率的比例,特别适合因特网业务中上行数据少而下行数据多的场合。但是,这种上行下行转换点的可变性给同频组网增加了一定的复杂性。

TD-SCDMA是时分双工,不需要成对的频带。因此,和另外两种频分双工的3G标准相比,在频率资源的划分上更加灵活。一般认为,TD-SCDMA由于智能天线和同步CDMA技术的采用,可以大大简化系统的复杂性,适合采用软件无线电技术,因此,设备造价可望更低。

由于时分双工体制自身的缺点,TD-SCDMA被认为在终端允许移动速度和小区覆盖半径等方面落后于频分双工体制。同时由于其相对其他3G系统的窄带宽,导致出现扰码短,并且扰码少,在网络侧基本通过扰码来识别小区成了理论可能。现以仅仅只能通过9个频点来做小区的区分,每个载波带宽仅为1.6 MHz,导致空口速率远低于WCDMA和CDMA 2000。根据有关的测试,目前中国移动所部署的TD-SCDMA在网络下载速度、稳定性方面尚不如中国联通的WCDMA和中国电信的CDMA 2000系统。

（一）网络商用与实验情况

2005年,第一个TD-SCDMA试验网依托重庆邮电大学无线通信研究所,在重庆进行第一次实际入网实验。2006年,罗马尼亚建成了TD-SCDMA试验网。2007年,韩国最大的移动通信运营商SK电讯在韩国首都首尔建成了TD-SCDMA试验网。同年,欧洲第二大电信运营商法国电信建成了TD-SCDMA试验网。2007年10月,日本电信运营商IP Mobile原本计划建设并运营TD-SCDMA网络,但该公司最终受限于资金困境而破产。2007年11月,重庆建成了我国第一个TD-SCDMA试验网。2008年1月,中国移动在中国北京、上海、天津、沈阳、广州、深圳、厦门、秦皇岛市建成了TD-SCDMA试验网;中国电信集团公司在中国保定市建成了TD-SCDMA试验网;原中国网络通信集团公司(现中国联合网络通信集团有限公司)在中国青岛市建成了TD-SCDMA试验网。2008年4月1日,中国移动在北京、上海、天津、沈阳、青岛、广州、深圳、厦门、秦皇岛和保定等10个城市启动TD-SCDMA社会化业务测试和试商用。2008年年末,在中国使用TD-SCDMA网络的3G手机用户已达到41.9万人。2008年9月,中国普天信息产业集团公司为意大利的一家通信公司MYWAVE建设了TD-SCDMA试验网,该网络于9月12日建成并开通。2009年1月7日,中国政府正式向中国移动颁发了TD-SCDMA业务的经营许可。TD-SCDMA的二期网络于2009年6月建成并投入商业化运营,2011年TD-SCDMA网络覆盖内地100%的地市。

TD-SCDMA的发展过程始于1998年初,在当时的邮电部科技司的直接领导下,由原电信科学技术研究院组织队伍在SCDMA技术的基础上,研究和起草符合IMT-2000要求的中国的TD-SCDMA建议草案。该标准草案以智能天线、同步码分多址、接力切换、时分双工为主要特点,于ITU征集IMT-2000第三代移动通信无线传输技术候选方案的截止日1998年6月30日提交到ITU,从而成为IMT-2000的15个候选方案之一。ITU综合了各评估组的评估结果。在1999年11月赫尔辛基ITU-RTG8/1第18次会议上和2000年5月伊斯坦布尔的ITU-R全会上,TD-SCDMA被正式接纳为CDMATDD制式的方案之一。

中国无线通信标准研究组(CWTS)作为代表中国的区域性标准化组织,从1999年5月加入3GPP以后,经过4个月的充分准备,并与3GPPPCG(项目协调组)、TSG(技术规范组)进行了大量协调工作后,在同年9月向3GPP建议将TD-SCDMA纳入3GPP标准规范的工作内容。1999

年 12 月在法国尼斯的 3GPP 会议上,中国的提案被 3GPPTSGRAN(无线接入网)全会所接受,正式确定将 TD-SCDMA 纳入到 Release 2000(后拆分为 R4 和 R5)的工作计划中,并将 TD-SCDMA 简称为 LCRTDD(Low Code Rate,低码率 TDD 方案)。

经过一年多的时间,经历了几十次工作组会议几百篇提交文稿的讨论,在 2001 年 3 月棕榈泉的 RAN 全会上,随着包含 TD-SCDMA 标准在内的 3GPPR4 版本规范的正式发布,TD-SCDMA 在 3GPP 中的融合工作达到了第一个目标。至此,TD-SCDMA 不论在形式上还是在实质上,都已在国际上被广大运营商、设备制造商所认可和接受,形成了真正的国际标准。

(二)标准的后续发展情况

在 3G 技术和系统蓬勃发展之际,不论是各个设备制造商、运营商,还是各个研究机构、政府、ITU,都已经开始对 3G 以后的技术发展方向展开研究。在 ITU 认定的几个技术发展方向中,包含了智能天线技术和 TDD 时分双工技术,认为这两种技术都是以后技术发展的趋势,而智能天线和 TDD 时分双工这两项技术,在目前的 TD-SCDMA 标准体系中已经得到了很好的体现和应用,从这一点中,也能够看到 TD-SCDMA 标准的技术有相当的发展前途。

在 R4 之后的 3GPP 版本发布中,TD-SCDMA 标准也不同程度地引入了新的技术特性,用以进一步提高系统的性能,其中主要包括:通过空中接口实现基站之间的同步,作为基站同步的另一个备用方案,尤其适用于紧急情况下对于通信网可靠性的保证;终端定位功能,可以通过智能天线,利用信号到达角对终端用户位置定位,以便更好地提供基于位置的服务;高速下行分组接入,采用混合自动重传、自适应调制编码,实现高速率下行分组业务支持;多天线输入输出技术(MIMO),采用基站和终端多天线技术和信号处理,提高无线系统性能;上行增强技术,采用自适应调制和编码、混合 ARQ 技术、对专用/共享资源的快速分配以及相应的物理层和高层信令支持的机制,增强上行信道和业务能力。

在政府和运营商的全力支持下,TD-SCDMA 产业联盟和产业链已基本建立起来,产品的开发也得到进一步的推动,越来越多的设备制造商纷纷投入到 TD-SCDMA 产品的开发阵营中来。随着设备开发、现场试验的大规模开展,TD-SCDMA 标准也必将得到进一步的验证和加强。

随着越来越多的用户购买带 4G 网络连接的新型手机,LTE 网络的全球部署将继续保持增长态势。目前,LTE 网络已覆盖全球主要城市,且覆盖面正迅速扩大。大部分市场是从 CDMA 或 WCDMA 过渡到 LTE 网络,而中国市场较为独特,是从 TD-SCDMA 过渡到 TD-LTE 网络。

二、分析物理层的主要工作过程

(一)小区搜索过程

在初始小区搜索中,UE(终端)搜索到一个小区,建立 DwPTS 同步,获得扰码和基本 midamble 码,控制复帧同步,然后读取 BCH(广播信道)信息。初始小区搜索利用 DwPTS 和 BCH 进行。

小区码组配置是小区特有的码组,不同的邻近的小区将配置不同的码组。小区码组配置有下行同步码(SYNC_DL)、上行同步码(SYNC_UL)、基本 Midamble 码(共 128 个)和小区扰码(Scrambling Code,共 128 个),如表 4-1-1 所示。

表 4-1-1　TD-SCDMA 码组

码组	下行同步码 ID	上行同步码 ID	小区扰码 ID	基本 Midamble 码 ID
组 1	0	0～7(000～111)	0(00)	0(00)
			1(01)	1(01)
			2(10)	2(10)
			3(11)	3(11)
…	…	…	…	…
组 32	31	248～255 (000～111)	124(00)	124(00)
			125(01)	125(01)
			126(10)	126(10)
			127(11)	127(11)

1. 搜索 DwPTS

UE 利用 DwPTS 中 SYNC_DL 得到与某一小区的 DwPTS 同步,这一步通常是通过一个或多个匹配滤波器(或类似的装置)与接收到的从 PN 序列中选出来的 SYNC_DL 进行匹配实现。为实现这一步,可使用一个或多个匹配滤波器(或类似装置)。在这一步中,UE 必须要识别出在该小区可能要使用的 32 个 SYNC_DL 中的哪一个 SYNC_DL 被使用。

2. 识别扰码和基本 Midamble 码

UE 接收到 P-CCPCH 上的 Midamble 码,DwPTS 紧随在 P-CCPCH 之后。在现在的 TD-SCDMA 系统中,每个 DwPTS 对应一组 4 个不同的基本 Midamble 码,因此共有 128 个 Midamble 码且互不重叠。基本 Midamble 码的序号除以 4 就是 SYNC_DL 码的序号,因此,32 个 SYNC_DL 和 P-CCPCH 32 个 Midamble 码组一一对应(也就是说,一旦 SYNC_DL 确定之后,UE 也就知道了该小区采用了哪 4 个 Midamble 码),这时 UE 可以采用试探法和错误排除法确定 P-CCPCH 到底采用了哪个 Midamble 码。在一帧中使用相同的基本 Midamble 码。由于每个基本 Midamble 码与扰码是相对应的,知道了 Midamble 码也就知道了扰码。根据确认的结果,UE 可以进行下一步或返回到第一步。

3. 控制复帧同步

UE 搜索在 P-CCPCH 中的 BCH 的复帧 MIB(Master Indication Block),它由经过 QPSK 调制的 DwPTS 的相位序列(相对于在 P-CCPCH 上的 midamble 码)来标识。控制复帧由调制在 DwPTS 上的 QPSK 符号序列来定位。n 个连续的 DwPTS 足以检测出目前 MIB 在控制复帧中的位置。根据为了确定正确的 midamble 码所进行的控制复帧同步的结果,UE 可决定是否执行下一步或回到第二步。

4. 读 BCH 信息

UE 读取被搜索到小区的一个或多个 BCH 上的(全)广播信息,根据读取的结果,UE 可决定是回到以上的几步还是完成初始小区搜索。

(二)手机开机过程

RRC(无线资源控制)连接是 UE 与 UTRAN 的 RRC 协议层之间建立的一种双向点到点的连接。对一个 UE 来说,至多存在一条 RRC 连接。RRC 连接在 UE 与 UTRAN 之间传输无线网络信令,如进行无线资源的分配,等等。RRC 连接在呼叫建立之初建立,在通话结束后释放,并在其间一直维持。另外在位置更新、手机初始接入的时候也会发起 RRC 连接。

信令连接建立了 UE 与 CN(核心网)之间的信令通路。信令连接主要传输 UE 与 CN 之间非接入层信令。在 UTRAN(3G 接入网结构)中,非接入层信令是通过上下行直接传输信令透明传输的。信令连接由 RRC 连接和 Iu 接口连接组成。

无线接入承载(RAB)可以看作是 UE 与 CN 之间接入层向非接入层提供的业务,主要用于用户数据的传输。RAB 直接与 UE 业务相关,它涉及接入层各个协议模块,在空中接口上,RAB 反映为无线承载(RB)。

RB 是 UE 与 UTRAN 之间 L2 向上层提供的业务。上面提到的 RRC 连接也可以看作是一种承载信令的 RB。

手机呼叫包括由 UE 主动发起呼叫(MOC)和由网络发起呼叫(MTC)。呼叫过程中,需要在 CN 与 UE 以及 UTRAN 与 UE 间进行信令交互,主要有建立 RRC 连接、建立 NAS(非接入层)信令连接、建立 RAB 连接 3 个步骤。在通信过程中,UE 的状态会进行迁移,UE 呼叫过程如图 4-1-1 所示。

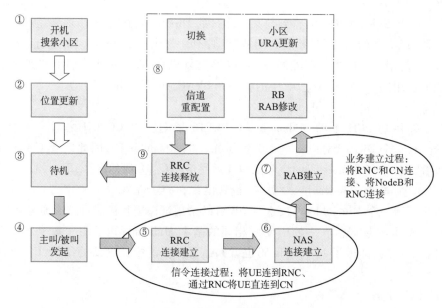

图 4-1-1 UE 呼叫过程

按照通信进程来解释,先进行小区搜索、位置更新、待机(空闲模式)。如果有业务发起试图建立 RRC 连接状态,RRC 将呼叫连到无线网,并将 UE 连到 RNC(RRC 和 NAS 是信令连接过程),然后进行 RAB 建立,根据需要进行修改、小区 URA 更新、切换、信道重配置等工作,整个通信完成后进行 RRC 连接释放。

注意:RRC 连接建立后,不能直接进行 RRC 连接释放,RRC 持续整个通信过程。

三、掌握 TD-SCDMA 的关键技术

(一)接力切换技术

接力切换(Baton Handover)是 TD-SCDMA 移动通信系统的核心技术之一。其设计思想是利用智能天线获取 UE 的位置信息,同时使用上行预同步技术。在切换测量期间,使用上行预同步技术,提前获取切换后的上行信道发送时间、功率信息,从而达到减少切换时间,提高切换

的成功率、降低切换掉话率的目的。接力切换示意图如图 4-1-2 所示,功率切换流程如图 4-1-3 所示。

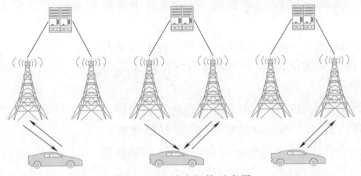

图 4-1-2　接力切换示意图

| UE收到切换命令前的场景:上下行均与源小区连接 | ⇒ | UE收到切换命令后执行接力切换的场景:利用开环预计同步和功率控制,首先只将上行链路转移到目标小区,而下行链路仍与源小区通信 | ⇒ | UE执行接力切换完毕后的场景:经过N个TTI后,下行链路转移到目标小区,完成接力切换 |

图 4-1-3　功率切换流程

　　接力切换与软切换相比,都具有较高的切换成功率、较低的掉话率以及较小的上行干扰等优点。不同之处在于接力切换不需要同时有多个基站为一个移动台提供服务,因而克服了软切换需要占用的信道资源多、信令复杂、增加下行链路干扰等缺点。

　　接力切换与硬切换相比,两者具有较高的资源利用率、简单的算法,以及较轻的信令负荷等优点。不同之处在于接力切换断开原基站和与目标基站建立通信链路几乎是同时进行的,因而克服了传统硬切换掉话率高、切换成功率低的缺点。

　　(二)智能天线技术

　　随着社会信息交流需求的急剧增加和个人移动通信的迅速普及,频谱已成为越来越宝贵的资源。智能天线采用空分复用(SDMA),利用在信号传播方向上的差别,将同频率、同时隙的信号区分开。它可以成倍地扩展通信容量,并和其他复用技术相结合,最大限度地利用有限的频谱资源。另外在移动通信中,由于复杂的地形、建筑物结构对电波传播的影响,大量用户间的相互影响,产生时延扩散、瑞利衰落、多径、共信道干扰等,使通信质量受到严重影响。采用智能天线可以有效地解决这个问题。图 4-1-4 所示为 TD-SCDMA 智能天线。

图 4-1-4　TD-SCDMA 智能天线

智能天线是一个天线阵列,它由多个天线单元组成,不同天线单元对信号施以不同的权值,然后相加,产生一个输出信号,如图 4-1-4 所示。其工作原理是使一组天线和对应的收发信机按照一定的方式排列和激励,利用波的干涉原理可以产生强方向性的辐射方向图。

上行 DOA 估计公式 $\theta = \arccos(d/L)$，d 为平行上行信号路程差，L 为天线阵元间的距离，θ 为来波信号方位角，$\cos\theta = d/L$，如图 4-1-5 所示。

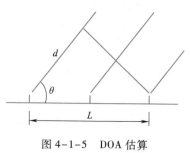

上行波束赋形是借助有用信号和干扰信号在入射角度上的差异(DOA 估算),选择恰当的合并权值(赋形权值计算),形成正确的天线接收模式,即将主瓣对准有用信号,低增益旁瓣对准干扰信号。

图 4-1-5　DOA 估算

下行波束赋形是在 TDD 方式工作的系统中,由于其上下行电波传播条件相同,直接将此上行波束赋形用于下行波束赋形,形成正确的天线发射模式,即将主瓣对准有用信号,低增益旁瓣对准干扰信号。

任务小结

通过本任务的学习,了解了 TD-SCDMA 发展背景及技术特点;分析了 TD-SCDMA 物理层过程,包括校区搜索和手机开发过程中的 UE 呼叫流程;最后讨论了 TD-SCDMA 关键技术中的接力切换技术和智能天线技术。

任务二　了解 CDMA 2000

任务描述

了解 CDMA 2000 的概念、商用情况及技术发展过程,学习 CDMA 2000 通用网络结构及协议,了解 WCDMA 概况。

任务目标

- 识记:CDMA 2000 发展背景及技术特点。
- 掌握:CDMA 2000 网络结构及协议。

任务实施

一、了解 CDMA 2000 移动通信系统演进过程

（一）系统概述

CDMA 2000(Code Division Multiple Access 2000)是一个 3G 移动通信标准,国际电信联盟

(ITU)的 IMT-2000 标准认可的无线电接口,也是 2G CDMA 标准的延伸,根本的信令标准是 IS-2000。CDMA 2000 与另两个主要的 3G 标准 WCDMA 以及 TD-SCDMA 不兼容。

CDMA 2000 以美国高通北美公司为主导提出,摩托罗拉、朗讯和后来加入的韩国三星都有参与,韩国现在成为该标准的主导者。这套系统是从 CDMA One 数字标准衍生出来的,可以从原有的 CDMA One 结构直接升级到 3G,建设成本低廉。使用 CDMA 的地区主要有日、韩、北美和中国,相对于 WCDMA 来说,CDMA 2000 的适用范围要小些,使用者和支持者也要少些。不过 CDMA 2000 的研发技术却是 3G 各标准中进度最快的,该模式的 3G 手机基本也是率先面世的。

(二)发展演进

1. 2G 时代:CDMA One

CDMA One 是一个 2G 移动通信标准,根本的信令标准是 IS-95,是高通与 TIA 基于 CDMA 技术发展出来的 2G 移动通信标准。CDG 为该技术注册了 CDMA One 的商标,CDMA One 及其相关标准是最早商用的基于 CDMA 技术的移动通信标准。

2. 2.5G 时代:CDMA 2000 1x

CDMA 2000 1x = 3G 1X = 1xRTT,1x 习惯上指使用一对 1.25 MHz 无线电信道的 CDMA 2000 无线技术。理论上支持最高达 144 kbit/s 的数据传输速率,另外它拥有 CDMA One 网络双倍的语音容量。

3. 3G 时代:CDMA 2000 1xEV-DO

CDMA 2000 1xEV-DO(Evolution-Data Only)在一个无线信道传送高速数据报文数据的情况下,理论上支持下行数据速率最高 3.1 Mbit/s,上行速率最高 1.8 Mbit/s。

4. 4G 时代:FDD-LTE

由于高通公司的超级移动宽带技术(UMB)研发被取消,CDMA 2000 标准延伸的 4G 标准是 FDD-LTE。

二、掌握 CDMA 2000 系统网络结构

(一)UTRAN 体系结构

UTRAN(Evolved Universal Terrestrial Radio Access Network,演进的通用陆地无线接入网络)位于 UE(移动终端)和 CN(核心网)之间,为用户提供接入的核心网,与另外一种无线接入网 GERAN(GSM EDGE Radio Access Network,GSM/EDGE 无线通信网络)共同构成 UMTS(通用移动通信系统),是 3GPP 制定的全球 3G 标准之一。UTRAN 连接 UE 和 CN 的工作示意图如图 4-2-1 所示,其中 Iu、Iub、Iur 为适用接口名。

1. 核心网(CN)

核心网是为 UMTS 用户提供的所有通信业务的基础平台,基本的通信业务包括电路交换呼叫业务和分组数据路由业务,并提供一些增值业务。CN 通过 Iu 接口与无线接入网 UTRAN 的 RNC 相连。CN 分为电路交换域 CS(Iu-CS 口)、分组交换域 PS(Iu-PS 口)、广播域 BC(Iu-BC 口)。

2. 无线接入网(UTRAN)

UTRAN 由基站控制器 RNC(Radio Network Controller,无线网络控制器)和基站 Node B 组成,负责无线资源的管理与分配。RNC 用于控制和管理 UTRAN 的无线资源,它通常通过 Iu 接

口与电路域(MSC)和分组域(SGSN)以及广播域(BC)相连。它在功能上对应 GSM 网络中的基站控制器(BSC)。RNS(RNS-Radio Network Subsystem,无线网络子系统)由 RNC 和其下的多个基站组成。

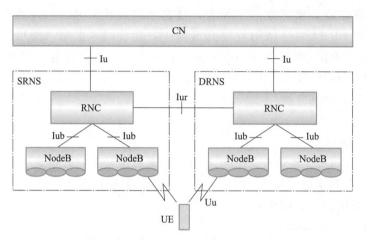

图 4-2-1 UTRAN 连接 UE 和 CN 的工作示意图

基站 Node B 是 TD-SCDMA 系统的基站,通过标准的 Iub 接口和 RNC 互连,主要完成 Uu 接口物理层协议的处理。它在功能上对应于 GSM 网络中基站(BTS)。移动终端 UE 是通常使用的用户手机或者移动台。

(二)UTRAN 地面接口的通用协议模型

UTRAN 地面接口通用协议模型如图 4-2-2 所示,其中控制面的作用是控制无线接入承载及 UE 和网络之间的连接,透明传输非接入层消息。无线网络层 Iu 接口协议是 RANAP,Iur 接口协议是 RANSAP,Iub 接口协议是 NBAP,Uu 接口协议是 RRC。

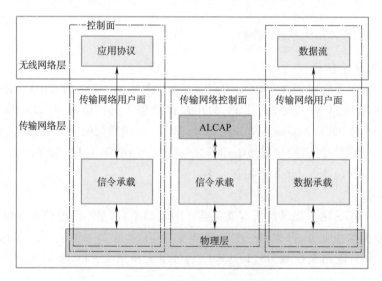

图 4-2-2 UTRAN 地面接口通用协议模型

用户面的作用是传输通过接入网的用户数据。所有无线网络层的用户面数据和控制面数据都是传输网络层的用户面;传输网络层的控制面协议是 ALCAP。UTRAN 地面接口即有线接口,包含 Iu 接口、Iub 接口和 Iur 接口 3 种类型。

1. Iu 接口

Iu 接口是连接 UTRAN 和 CN 的接口,也可以把它看成是 RNS 和核心网之间的一个参考点。它将系统分成用于无线通信的 UTRAN 和负责处理交换、路由和业务控制的核心网两部分。Iu 接口主要负责传递非接入层的控制信息、用户信息、广播信息及控制 Iu 接口上的数据传递等。

2. Iub 接口

Iub 接口是 RNC 和 Node B 之间的逻辑接口,它是一个标准接口,允许不同厂家互联。标准的 Iub 接口由用户数据传送、用户数据及信令的处理和 Node B 逻辑上的 O&M 等三部分组成。功能是管理 Iub 接口的传输资源、Node B 逻辑操作维护、传输操作维护信令、系统信息管理、专用信道控制、公共信道控制和定时以及同步管理。

3. Iur 接口

Iur 接口是两个 RNC 之间的逻辑接口,用来传送 RNC 之间的控制信令和用户数据。同 Iu 接口一样,Iur 接口是一个开放接口。Iur 接口最初设计是为了支持 RNC 之间的软切换,但是后来其他的特性被加了进来。

Iur 接口主要有支持基本的 RNC 之间的移动性、支持公共信道业务、支持专用信道业务3 种功能。同 Iub 接口类似,Iur 协议栈也是典型的三平面表示法:无线网络层、传输网络层和物理层。

4. Uu 接口

Uu 接口协议结构如图 4-2-3 所示。其组成部分的含义描述如下:

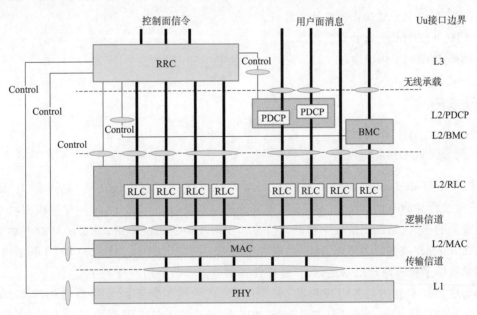

图 4-2-3　Uu 接口协议结构

(1)PHY:传输信道到物理信道的映射。

(2)MAC:逻辑信道到传输信道的映射,提供数据传输服务,包括 MAC-b、MAC-c、MAC-d 三种实体。

(3)RLC:提供用户和控制数据的分段和重传服务,分为透明传输(TM)、非确认传输

（UM）、确认传输（AM）三类服务；AM 具有纠错能力。

（4）PDCP：提供分组数据传输服务，只针对 PS 业务，完成 IP 标头的数据压缩。

（5）BMC：在用户平面提供广播多播的发送服务，用于将来自于广播域的广播和多播业务适配到空中接口。

（6）RRC 提供：系统信息广播、寻呼控制、RRC 连接控制等功能。

任务小结

学习了 CDMA 2000 发展背景及技术特点，介绍了 CDMA 2000 关键技术、通用结构及其协议。

任务三　讨论 WCDMA

任务描述

了解 WCDMA 概况、起源和技术发展过程。

任务目标

- 识记：WCDMA 发展背景及技术特点。
- 掌握：WCDMA 起源和发展过程。
- 识记：WCDMA 体制演进。

任务实施

一、了解 WCDMA 概况

WCDMA（Wide band Code Division Multiple Access，宽带码分多址访问）是一种 3G 蜂窝网络，属于第三代移动通信系统（也称 3G），是移动通信市场经历了两代（第一代是模拟技术的移动通信业务的引入，第二代是数字移动通信技术在市场中的广泛应用）发展的基础上被引入日程的。在 Internet 数据业务不断升温中，随着固定接入速率（HDSL、ADSL、VDSL）不断提升，第三代移动通信系统逐渐被电信运营商、通信设备制造商和普通用户所关注。

移动通信技术最初是各自发展的，各个国家、技术组织都不断发展自己的技术，美国有 AMPS、D-AMPS、IS-136、IS-95，日本有 PHS、PDC，欧洲则有 GSM。这种格局一方面在移动通信发展的初期满足了用户的需求，开拓了移动通信市场，另一方面也人为造成地区间的隔离，引发了规范全球统一移动通信制式的需求。ITU 正是在这个背景下于 1985 年启动了第三代移动通信系统的规范工作。

在第三代移动通信规范提案的概念评估过程中，宽带码分多址（WCDMA）技术以其自身的技术优势成为 3G 的主流技术之一。这里主要介绍 WCDMA 起源、面临的移动通信市场和业务状况、WCDMA 技术特点、发展现状和演进方向。

历史上,欧洲电信标准委员会(ETSI)在 GSM 之后就开始研究其 3G 标准,其中有几种备选方案是基于直接序列扩频码分多址的,而日本的第三代研究也是使用宽带码分多址技术的,其后以二者为主导进行融合,在 3GPP 组织中发展成了第三代移动通信系统 UMTS,并提交给国际电信联盟(ITU)。国际电信联盟最终接受 WCDMA 作为 IMT-2000 3G 标准的一部分。

二、掌握 WCDMA 的起源发展和体制演进

1. WCDMA 的起源

日本于 1993 年在 ARIB 中建立了研究委员会来进行日本 3G 的研究和开发,并通过评估将 CDMA 技术作为 3G 的主要选择。日本运营商 NTT DoCoMo 在 1996 年推出了一套 WCDMA 的实验系统方案,并得到了当时世界上主要的移动设备制造商的支持,由此产生了 WCDMA 的发展动力。

1998 年 12 月成立的 3GPP(第三代伙伴项目)极大地推动了 WCDMA 技术的发展,加快了 WCDMA 的标准化进程,并最终使 WCDMA 技术成为 ITU 批准的国际通信标准。第三代的主要技术体制,其中 WCDMA-FDD/TDD(高码片速率 TDD)和 TD-SCDMA(低码片速率 TDD)都是由 3GPP 开发和维护的规范,这些技术都是以 CDMA 技术为核心的。值得指出的是,TD-SCDMA 技术规范是我国第一份自己提出,被 ITU 全套采纳的无线通信标准,已经通过了 3GPP 的规范化进程,推出了完整的技术规范协议。第三代标准中选取 WCDMA-FDD 模式的国家最多,如欧洲、日本、韩国都将 WCDMA-FDD 模式作为主流制式。

WCDMA 的三套技术实际上采用的是同一套核心网络规范以及不同的无线接入技术。其核心网络的主要特点就是重视从 GSM 网络向 WCDMA 网络的演进,这是由于 GSM 的巨大商业成功造成的,这种演进是以 GPRS 技术作为中间承接的。

除了制定 TD-SCDMA 标准以外,中国在 20 世纪 90 年代中期积极参与了 ITU 和 3GPP 的 WCDMA 另外两种技术的跟踪、评估和研发工作。1998 年成立的中国无线通信标准研究组(CWTS)是 3GPP 的正式组织成员,华为公司、大唐集团等国内企业还加入 3GPP,成为独立成员。

在 3GPP 成员和专家的努力下,WCDMA 先后推出了成熟的可供商用的版本 Release 99 和包括 TD-SCDMA 全套规范的 Release 4 版本。由于无线通信技术和 IP 技术的迅速发展,WCDMA 标准也在不断发展中,新的兼容的无线技术和核心网络技术也在不断被提出和采纳。

2. WCDMA 的进一步发展

为了适应商用化和技术发展的需要,保证网络运营商的投资,3GPP 将 WCDMA 标准分成了两个大的阶段。

(1)Release 99(R99)版本:1999 年 12 月起,每 3 个月更新一次,2000 年 6 月版本基本稳定,可供开发。9 月份、12 月份和 2001 年 3 月份版本更加完善;无线接入网络的主要接口 Iu、Iub、Iur 接口均采用 ATM 和 IP 方式,网络是基于 ATM 的网络;核心网基于演进的 GSMMSC 和 GPRSGSN;电路与分组交换节点逻辑上分开。

(2)Release 2000(R00)版本(已改为 Release 4、5 等):主要是引入"全 IP 网络",初步提出了基于 IP 的核心网结构,没有开始实质标准化工作,真正的"全 IP"标准在 2002 完成,在网络结构上实现了传输、控制和业务分离,同时 IP 化也从核心网(CN)逐步延伸到无线接入网(RAN)

和终端（UE）。

R99 版本于 2000 出版，能够提供实现网络和终端的全部基础，包括通用移动通信网络的全部功能基础，提供了商用版本的必要保证。随后的 Release 4 和 Release 5 在这些功能基础上增加了新的功能，保证了标准的延续性。初期的 WCDMA 网络可以和 GSM 网络并存，由 GSM 实现广域的全覆盖，而 WCDMA 实现部分业务密集和高质量业务区的覆盖。这样做主要是保证了第二代运营商的投资和平滑过渡。

Release 99 版本 WCDMA 系统性能和提供的主要业务如下：

（1）Release 99 版本的 WCDMA 提供了无线接入网络 UTRAN，提高了频谱利用率及数据传送能力，数据传输速率在广域为 384 kbit/s，小范围慢速移动时为 2 Mbit/s，支持 AMR 语音编解码技术，可提高话音质量和系统容量，Iub、Iur 和 Iu 接口基于 ATM 技术，提供了开放的 Iub 接口。

（2）Release 99 版本的 WCDMA 核心网络分为 CS 域和 PS 域，其分别基于演进的 MSC/GMSC 和 SGSN/GGSN，CS 域主要负责与电路型业务相关的呼叫控制和移动性管理等功能，在呼叫控制采用 TUP、ISUP 等标准 ISDN 信令，移动性管理上进一步采用了演进的 MAP 协议，物理实体与 GSM 类似包括了 MSC、GMSC、VLR。PS 域主要负责与分组型业务相关的会话控制和移动性管理等功能，在原有的 GPRS 系统基础上对一些接口协议、工作流和业务功能做部分改动，语音编解码器在核心网实现，支持系统间切换（GSM/UMTS），增强了安全性能和收费系统。

提供的主要业务平台包括基本定位业务、号码可携性业务、增强的智能业务、GSM 和 UMTS 间的切换；可支持所有 GSM 及其补充业务，例如无应答的呼叫前转；提供 USIM 卡协议，可提高用户的参与性和操作；支持业务的应用编程接口 API（开放业务结构）、多播业务，以及 64 kbit/s 电路数据承载业务和多媒体业务。

3. WCDMA 体制演进

WCDMA 体制的演进方法如下：

（1）Release 99 提供了第三代全网解决方案，标准已经成熟，具备蜂窝移动网络的实现基础、基本功能和扩展条件。

（2）全新的无线接入网络 UTRAN。

（3）结合 CS 和 PS 域的核心网络。

（4）增强型的 GSM 核心网络 GERAN。

（5）Release 4 和 Release 5 进一步增加新的业务，优化技术体制和网络结构，是 Release 99 协议的补充和完善，保证了 WCDMA 体制的延续性。

（6）全 IP 网络。

（7）新的无线接入方法 HSDPA。

（8）增强智能网络和安全。

任务小结

通过本任务的学习，了解了 WCDMA 发展背景、技术特点，以及 WCDMA 起源、发展过程和体制演进。

※思考与练习

一、填空题

1. TD-SCDMA 的中文意思是_____。

2. TD-SCDMA 系统采用的多址技术包括_____、_____、_____、_____。

3. 所有无线网络层的用户面和控制面都是传输网络层的_____,传输网络层的控制面协议是_____。

4. 在 TD-SCDMA 系统中,Midamble 码的作用是_____、_____、_____。

5. 在 TD-SCDMA 系统中,8 个物理信道分别是_____、_____、_____、_____、_____、_____、_____、_____。

6. 在 3G 通信系统中,常用的调制方式为 8PSK,该调制方式下,一个符号数据可以携带_____ bit 的消息。

7. 在 Uu 接口协议结构中,_____协议起到了总的控制作用。

8. ITU 组织在 Release 99 版本的将核心网络分为_____和_____。

二、选择题

1. D-SCDMA 整个系统共有 128 个长度为(　　)的基本 midamble 码,每个小区使用其中一个基本 midamble 码。

    A. 96 chip　　　　　B. 144 chip　　　　　C. 704 chip　　　　　D. 128 chip

2. 在 TD-SCDMA 系统中,以下(　　)时隙固定分配给下行链路。

    A. TS0　　　　　　B. TS1　　　　　　C. TS2　　　　　　D. TS3

3. 理论上,TD-SCDMA 最大覆盖半径主要取决于:(　　)。

    A. UpPTS(UL)时隙的大小

    B. DwPTS(DL)时隙的大小

    C. UpPTS(UL)和 DwPTS(DL)间 Gp 保护时隙的大小

    D. TS0 时隙的大小

4. 在 RF 优化调整措施中一般优先考虑采用(　　)来解决覆盖问题。

    A. 天馈参数,如下倾角

    B. 功率参数,如 P-CCPCH 导频功率

    C. 邻区和切换参数

    D. 进行整改

5. TD-SCDMA 系统中 SYNC_DL 码有(　　)个。

    A. 128　　　　　　B. 64　　　　　　C. 32　　　　　　D. 16

6. 在 3G 系统里面,下面关于硬切换说法正确的是(　　)。

    A. 硬切换有预同步的过程

    B. 硬切换是激活时间到,上下行一起转移到目标小区

    C. 硬切换有一段时间上行在目标小区,下行在原小区

    D. 以上说法都是错误的

7. TD-SCDMA 中功率控制的速率是(　　)。

A. 100 Hz   B. 200 Hz   C. 300 Hz   D. 400 Hz

8. 智能天线每隔( )进行波束赋形。

A. 5 ms   B. 10 ms   C. 15 ms   D. 20 ms

三、判断题

1. TD-SCDMA 标准是 3GPP2 组织制定的。   ( )

2. 所有的传输信道都有一个独立的物理信道与其对应。   ( )

3. RNC 内部各单板所需的时钟信号最先是由 CLKG 板提取分发的。   ( )

4. RAB 过程是建立在 UE 和 RNC 之间的。   ( )

5. 传输时,Midamble 码不进行基带处理和扩频,直接与经基带处理和扩频的数据一起发送,在信道解码时它被用作进行信道估计。   ( )

6. 一个时隙可使用的码道数目是固定的,与每个物理信道的数据传输速率和扩频因子无关。   ( )

7. 目前,传输层采用 ATM 传输技术的情况下,NodeB 与 RNC 之间一般采用的物理承载有E1 和 STM-1。   ( )

8. TD-SCDMA 系统的码片速率是 1.6 Mcps。   ( )

四、简答题

1. TD-SCDMA 系统采用的双工方式是什么？具备什么优势？

2. 简述智能天线上行波束赋形以及智能天线的优势。

3. 简单描述小区搜索的整个流程。

4. 画出 UTRAN 体系结构。

5. 简述 CDMA 技术的发展演进过程。

6. 简述手机的呼叫建立过程。

7. 简单描述 UTRAN 地面接口的通用协议模型。

8. 简单描述 Uu 空中接口协议。

项目五
分析 4G 移动通信技术

任务一 分析 LTE 需求与技术特点

任务描述

本任务将学习习 LTE 需求与技术特点，了解 LTE 频谱划分、系统带宽、峰值数据传输速率、用户面/控制面时延、频率效率和网络吞吐量等技术特点，了解 TDD-LTE 与 FDD-LTE 的异同点。

任务目标

- 识记：LTE 具有哪些主要指标和需求。
- 掌握：TDD-LTE 与 FDD-LTE 的异同点。

任务实施

一、了解 LTE 标准化演进

TDD-LTE(TDD-Long Term Evolution)是 TDD 版本的 LTE 技术，FDD-LTE 的技术是 FDD 版本的 LTE 技术。TDD 和 FDD 的区别就是 TDD 采用的是不对称频率是用时间进行双工的，而 FDD 是采用对称频率来进行双工的。TDD-LTE 是我国拥有核心自主知识产权的国际标准，是 TD-SCDMA 的后续演进技术，是一种专门为移动高宽带应用而设计的无线通信标准，沿用了 TD-SCDMA 的帧结构。

TD-SCDMA 向 LTE 的演进路线：首先是在 TD-SCDMA 的基础上采用单载波的 HSDPA 技术，传输速率达到 2.8 Mbit/s 而后采用多载波的 HSDPA，传输速率达到 7.2 Mbit/s；接着到 HSPA+ 阶段，传输速率将超过 10 Mbit/s，并继续逐步提高它的上行接入能力；最后从 HSPA+ 演进到 TD-LTE。TD-LTE 的技术优势体现在速率、时延和频谱利用率等多个领域，使得运营商能够在有限的频谱带宽资源上具备更强的业务提供能力。另外，在 TDD-LTE 的标准化过程中，还要考虑和 TD-SCDMA 的共存性要求。

3GPP(The 3rd Generation Partnership Project,第三代合作伙伴计划)于2008年12月发布LTE第一版(Release 8)R8版本为LTE标准的基础版本,目前,R8版本已非常稳定。R8版本重点针对LTE/SAE网络的系统架构、无线传输关键技术、接口协议与功能、基本消息流程、系统安全等方面均进行了细致的研究和标准化。在无线接入网方面,将系统的峰值数据传输速率提高至下行100 Mbit/s、上行50 Mbit/s;在核心网方面,引入了纯分组域核心网系统架构,并支持多种非3GPP接入网技术接入统一的核心网。从2004年底提出概念,到2008年底发布R8版本,LTE的商用标准文本制定及发布整整经历了4年时间。对于TDD的方式而言,在R8版本中,明确采用type 2类型作为唯一的TDD物理层帧结构,并且规定了相关物理层的具体参数,即TDD-LTE方案,这为今后其后续技术的发展,打下了坚实的基础。

2010年3月发布第二版(Release 9)LTE标准,R9版本为LTE的增强版本。R9版本与R8版本相比,将针对SAE紧急呼叫、增强MBMS(E-MBMS)、基于控制面定位业务及LTE与WiMAX系统间的单射频切换优化等课题进行标准化。另外,R9版本还将开展一些新课题的研究与标准化工作,包括公共告警系统(Public Warning System,PWS)、业务管理与迁移(Service Alignment and Migration,SAM)、个性回铃音CRS,多PDN接入及IP流的移动性、Home eNodeB安全性,以及LTE技术的进一步演进与增强(LTE-Advanced)等。

2008年3月,在LTE标准化接近于完成之时,一个在LTE基础上继续演进的项目——先进的LTE(LTE-Advanced)项目在3GPP拉开了序幕。LTE-A是在LTE R8、R9版本的基础上进一步演进和增强的标准,它的一个主要目标是满足ITU-R关于IMT-AC(4G)标准的需求。同时,为了维持3GPP标准的竞争力,3GPP制定的LTE技术需求指标要高于IMT-A的指标。LTE相对于3G技术,名为"演进",实为"革命",但是LTE-Advanced将不会成为再一次的"革命",而是作为LTE基础上的平滑演进。LTE-Advanced系统应自然地支持原LTE的全部功能,并支持与LTE的前后向兼容性,即R8 LTE的终端可以介入未来的LTE-Advanced系统,LTE-Advanced系统也可以接入R8 LTE系统。

在LTE基础上,LTE-Advanced的技术发展更多地集中在RRM技术和网络层的优化方面,主要使用了如下一些新技术:

(1)载波聚合。核心思想是把连续频谱或若干离散频谱划分为多个成员载波(Component Carrier,CC),允许终端在多个子频带上同时进行数据收发。通过载波聚合,LTE-A系统最大可以支持100 MHz带宽,系统/终端最大峰值速率可达1 Gbit/s以上。

(2)增强上下行MIMO。LTE R8/R9下行最多支持4数据流的单用户MIMO(多进多出),上行只支持多用户MIMO。LTE-A为提高吞吐量和峰值速率,在下行最高支持8数据流单用户MIMO,上行最高支持4数据流单用户MIMO。

(3)中继(Relay)技术。基站不直接将信号发送给UE而是先发给一个中继站(Relay Station,RS),然后再由RS将信号转发给LTE无线中继,很好地解决了传统直放站的干扰问题,不但可以为蜂窝网络带来容量上的提升、覆盖扩展等性能增强,还可以提供灵活、快速的部署,弥补回传链路缺失的问题。

(4)协作多点传输技术(Coordinative Multiple Point,CoMP)。LTE-A中为了实现干扰规避和干扰利用而进行的一项重要研究。包括两类:小区间干扰协调技术(Coordinated Scheduling),也称为"干扰避免";协作式MIMO技术(Joint Processing),也称为"干扰利用"。两种方式通过不同的技术降低小区间干扰,提高小区边缘用户的服务质量和系统的吞吐量。

（5）针对室内和热点场景进行优化。未来移动网络中除了传统的宏蜂窝、微蜂窝，还有微微蜂窝以及家庭基站，这些新节点的引入使得网络拓扑结构更加复杂，形成了多种类型节点共同竞争相同无线资源的全新干扰环境。LTE-Advanced 的重点工作之一应该放在对室内场景进行优化方面。

二、了解 LTE 标准化组织

（一）3GPP

3GPP 于 1988 年成立，是由欧洲的 ETSI、日本的 ARI13 和 TTC、韩国的 TTA 以及美国的 T1 合作成立的通信标准化组织。3GPP 主要是制定以 GSM/GPRS 核心网为基础，UTRA（FDD 为 W-CDMA 技术，TDD 为 TD-CDMA 技术）为无线接口的第三代技术规范。3GPP 的主要目标可分为两方面：一是为了充分挖掘 GSM 的技术潜力，研发了多种 GSM 改进型技术，如通用分组无线业务（General Packet Radio Service，GPRS）和增强数据速率 GSM 演进（Enhanced Date rates for GSM Evolution，EDGE）等；二是为了保持 3GPP 标准的长期竞争力，3GPP 还不断地推进 UTRA 技术的增强和演进，研发了 HSDPA、HSUPA、HSPA + 和 E-UTRA 技术。

3GPP 的组织机构分为项目合作部（PCG）和技术规范部两大职能部门，如图 5-1-1 所示。项目合作部是 3GPP 的最高管理机构，负责全面协调工作；技术规范部（TSG）负责技术规范制定工作，受 PCG 的管理。技术规范部（TSG）主要分为 4 个部门：

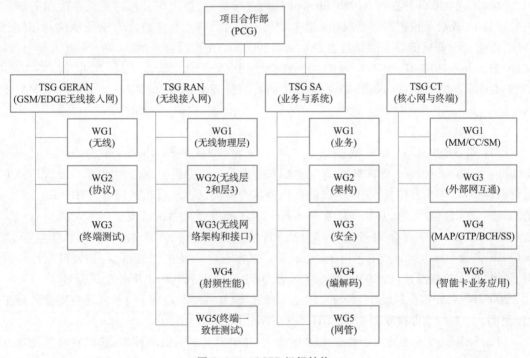

图 5-1-1 3GPP 组织结构

（1）TSG GERAN（GSM/EDGE RAN）：负责 GSM/EDGE 无线接入网技术规范的制定。

（2）TSG RAN：负责 3GPP 除 GSM/EDGE 之外的无线接入技术规范的制定。

（3）TSG SA（业务与系统方面）：负责 3GPP 业务与系统方面的技术规范制定。

（4）TSG CT（核心网及终端）：负责 3GPP 核心网及终端方面的技术规范制定。

每一个 TSG 下面又分为多个工作组。例如,负责 LTE 标准化的 TSG RAN 分为 RAN WG1 (无线物理层)、RAN WG2(无线层 2 和层 3)、RAN WG3(无线网络架构和接口)、RAN WG4(射频性能)和 RAN WG5(终端一致性测试)5 个工作组。

（二）NGMN

2006 年,中国移动联合英国 Vodafone 和 Orange 以及日本 NTT DoCoMo、德国 T-Mobile、荷兰 KPN、美国 Sprint 等全球六大电信运营商,共同成立了旨在推动下一代移动网络技术发展的 NGMN 组织。该组织是以运营商为主导的移动通信标准化组织。中国移动副总裁沙跃家成为 NGMN 董事会董事,中国移动通信研究院黄宇红当选该组织技术工作委员会委员。NGMN 组织以运营商为主导,根据移动网络的需求,制定未来宽带移动网络的系统性能目标、功能要求和演进方式,为相关标准化组织、设备制造商开展下一代移动网络的标准化和产品开发提供明确指导。这将使全球移动通信产业链聚集在统一需求之下,从而降低产业风险、提高产业效率,为移动通信行业构建共赢的和谐生态环境。

NGMN 组织的成立对全球移动通信发展产生了重要影响,中国移动成为该组织的发起成员,不仅扩大了中国运营商在国际电信业的影响力,有利于中国运营商熟悉并按照国际规则参与国际标准化工作,更重要的是可在下一代移动网络发展中反映中国自身需求,降低下一代移动网络的建设成本,带动国内移动通信行业研发水平整体提升。中国移动以 NGMN 组织为平台,积极引导行业技术标准的发展,增强了中国企业在国际电信领域的话语权。

NGMN 成立非营利性的 NGMN Limited 公司进行运作,组织成员包括成员单位和参加单位两类。其中,成员单位拥有投票权和表决权,但只有运营商才有资格成为成员单位,而制造商、高校、行业论坛等只能以参加单位身份加入。2008 年,在德国召开的 NGMN 年度大会上,沙跃家连任 2008—2010 年 NGMN 董事,董事会由中国移动、沃达丰、法国电信、T-Mobile、NTTDoCoMo、AT&T、Telefonica、SKT 八大公司的高层管理者组成,继续致力于推动 NGMN 技术的发展。

（三）LSTI

LSTI 即 3GPP LTE/SAE 试验联盟,英文全称 Long Term Evolution/System Architecture Evolution Trial Initiative。LSTI 联盟是当前 LTE 业界最重要的组织,由几家电信设备大厂及电信运营商在 2007 年 5 月份成立,创始成员包括阿尔卡特朗讯、爱立信、法国电信/Orange、诺基亚、诺基亚西门子通信、北电、T-Mobile 及 Vodafone,几乎都是泛欧系的厂商。

2007 年底,LSTI 联盟力量进一步壮大,新增成员则包括中国移动、华为、LG 电子、NTT DoCoMo、高通(Qualcomm)、三星电子、Signalion、意大利电信及中兴通讯,将势力范围扩张到中国、韩国、日本等亚洲地区,CDMA 技术主导者 Qualcomm 名列其中也格外受到瞩目。

2008 年初,安捷伦科技(Agilent)、罗德与施瓦茨(Rohde & Schwarz)两家通信测量公司正式加入 LTE/SAE 产业促进联盟 LSTI(LTE/SAE Trial Initiative)组织。

LTE/SAE 试验联盟致力于验证 LTE 的能力,推动其达到所需的性能,从而在移动设备上提供真正的宽带体验。验证分 3 个主要阶段:概念验证、互通性验证和测试。此后,该联盟不断发布对所取得成果的联合测试结果和报告。

三、掌握 LTE 的主要指标和需求

3GPP 要求 LTE 支持的主要指标和需求如图 5-1-2 所示。

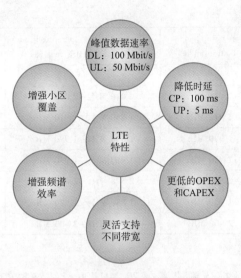

图 5-1-2 LTE 主要指标和需求

（一）频谱划分

E-UTRA 的频谱划分如表 5-1-1 所示。

表 5-1-1 E-UTRA 的频谱划分

E-UTRA Operating Band	Uplink（UL）operating band BS receive UEtransmit	Downlink（DL）operating band BS transmit UE receive	Duplex Mode
	$F_{ul\ low}$ $F_{ul\ high}$	$F_{Dl\ low}$ - $F_{Dl\ high}$	
1	1 920 MHz ~ 1 980 MHz	2 110 MHz ~ 2 170 MHz	FDD
2	1 850 MHz ~ 1 910 MHz	1 930 MHz ~ 1 990 MHz	FDD
3	1 710 MHz ~ 1 785 MHz	1 805 MHz ~ 1 880 MHz	FDD
4	1 710 MHz ~ 1 755 MHz	2 110 MHz ~ 2 155 MHz	FDD
5	824 MHz ~ 849 MHz	869 MHz ~ 894 MHz	FDD
6	830 MHz ~ 840 MHz	875 MHz ~ 885 MHz	FDD
7	2 500 MHz ~ 2 570 MHz	2 620 MHz ~ 2 690 MHz	FDD
8	880 MHz ~ 915 MHz	925 MHz ~ 960 MHz	FDD
9	1 749.9 MHz ~ 1 784.9 MHz	1 844.9 MHz ~ 1 879.9 MHz	FDD
10	1 710 MHz ~ 1 770 MHz	2 110 MHz ~ 2 170 MHz	FDD
11	1 427.9 MHz ~ 1 452.9 MHz	1 475.9 MHz ~ 1 500.9 MHz	FDD
12	698 MHz ~ 716 MHz	728 MHz ~ 746 MHz	FDD
13	777 MHz ~ 787 MHz	746 MHz ~ 756 MHz	FDD
14	788 MHz ~ 798 MHz	758 MHz ~ 768 MHz	FDD
⋮			
17	704 MHz ~ 716 MHz	734 MHz ~ 746 MHz	FDD
⋮			
33	1 900 MHz ~ 1 920 MHz	1 900 MHz ~ 1 920 MHz	TDD

E-UTRA Operating Band	Uplink(UL) operating band BS receive UEtransmit	Downlink(DL) operating band BS transmit UE receive	Duplex Mode
	$F_{ul\ low}\ F_{ul\ high}$	$F_{Dl\ low}$ - $F_{Dl\ high}$	
34	2 010 MHz ~ 2 025 MHz	2 010 MHz ~ 2 025 MHz	TDD
35	1 850 MHz ~ 1 910 MHz	1 850 MHz ~ 1 910 MHz	TDD
36	1 930 MHz ~ 1 990 MHz	1 930 MHz ~ 1 990 MHz	TDD
37	1 910 MHz ~ 1 930 MHz	1 910 MHz ~ 1 930 MHz	TDD
38	2 570 MHz ~ 2 620 MHz	2 570 MHz ~ 2 620 MHz	TDD
39	1 880 MHz ~ 1 920 MHz	1 880 MHz ~ 1 920 MHz	TDD
40	2 300 MHz ~ 2 400 MHz	2 300 MHz ~ 2 400 MHz	TDD

(二)峰值数据传输速率

下行链路的瞬时峰值数据传输速率在 20 MHz 下行链路频谱分配的条件下,可以达到 100 Mbit/s(网络侧 2 发射天线,UE 侧 2 接收天线条件下)。上行链路的瞬时峰值数据传输速率在 20 MHz 上行链路频谱分配的条件下,可以达到 50 Mbit/s(UE 侧 1 发射天线情况下)。宽频带、MIMO、高阶调制技术都是提高峰值数据传输速率的关键所在。

(三)控制面延迟

从驻留状态到激活状态,也就是类似于从 Release 6 的空闲模式到 CELL_DCH 状态,控制面的传输延迟时间小于 100 ms,这个时间不包括寻呼延迟时间和 NAS 延迟时间。从睡眠状态到激活状态,也就是类似于从 Release 6 的 CELL_PCH 状态到 CELL_DCH 状态,控制面传输延迟时间小于 50 ms,这个时间不包括 DRX 间隔。另外,控制面容量频谱分配是 5 MHz 的情况下,期望每小区至少支持 200 个激活状态的用户。在更高的频谱分配情况下,期望每小区至少支持 400 个激活状态的用户。

(四)用户面延迟

用户面延迟定义为一个数据包从 UE/RAN 边界节点(RAN edge node)的 IP 层传输到 RAN 边界节点/UE 的 IP 层的单向传输时间。这里所说的 RAN 边界节点指的是 RAN 和核心网的接口节点。在"零负载"(即单用户、单数据流)和"小 IP 包"(即只有一个 IP 头,而不包含任何有效载荷)的情况下,期望的用户面延迟不超过 5 ms。

(五)用户吞吐量

1. 下行链路

在 5% CDF(累计分布函数)处的每兆赫用户吞吐量应达到 R6 HSDPA 的 2 ~ 3 倍。每兆赫平均用户吞吐量应达到 R6 HSDPA 的 3 ~ 4 倍。此时 R6 HSDPA 是 1 发 1 收,而 LTE 是 2 发 2 收。

2. 上行链路

在 5% CDF 处的每兆赫用户吞吐量应达到 R6 HSUPA 的 2 ~ 3 倍。每兆赫平均用户吞吐量应达到 R6 HSUPA 的 2 ~ 3 倍。此时 R6 HSUPA 是 1 发 2 收,LTE 也是 1 发 2 收。

(六)频谱效率

(1)下行链路:在一个有效负荷的网络中,LTE 频谱效率(用每站址、每赫、每秒的比特数衡量)的目标是 R6 HSDPA 的 3 ~ 4 倍。此时 R6 HSDPA 是 1 发 1 收,而 LTE 是 2 发 2 收。

（2）上行链路：在一个有效负荷的网络中，LTE 频谱效率（用每站址、每赫、每秒的比特数衡量）的目标是 R6 HSUPA 的 2～3 倍。此时 R6 HSUPA 是 1 发 2 收，LTE 也是 1 发 2 收。

（七）移动性

E-UTRAN 能为低速移动（0～15 km/h）的移动用户提供最优的网络性能，能为 15～120 km/h 的移动用户提供高性能的服务，对 120～350 km/h（甚至在某些频段下，可以达到 500 km/h）速率移动的移动用户能够保持蜂窝网络的移动性。在 R6 CS 域提供的话音和其他实时业务在 E-UTRAN 中将通过 PS 域支持，这些业务应该在各种移动速度下都能够达到或者高于 UTRAN 的服务质量。E-UTRA 系统内切换造成的中断时间应等于或者小于 GERAN CS 域的切换时间。超过 250 km/h 的移动速度是一种特殊情况（如高速列车环境），E-UTRAN 的物理层参数设计应该能够在最高 350 km/h 的移动速度（在某些频段甚至应该支持 500 km/h）下保持用户和网络的连接。

（八）覆盖

E-UTRA 系统应该能在重用目前 UTRAN 站点和载频的基础上灵活地支持各种覆盖场景，实现上述用户吞吐量、频谱效率和移动性等性能指标。E-UTRA 系统在不同覆盖范围内的性能要求如下：

（1）覆盖半径在 5 km 内：上述用户吞吐量、频谱效率和移动性等性能指标必须完全满足。

（2）覆盖半径在 30 km 内：用户吞吐量指标可以略有下降，频谱效率指标可以下降，但仍在可接受范围内，移动性指标仍应完全满足。

（3）覆盖半径最大可达 100 km。

（九）频谱灵活性

频谱灵活性一方面支持不同大小的频谱分配，例如，E-UTRA 可以在不同大小的频谱中部署，包括 1.4 MHz、3 MHz、5 MHz、10 MHz、15 MHz 以及 20 MHz，支持成对和非成对频谱。

频谱灵活性另一方面支持不同频谱资源的整合。

（十）与现有 3GPP 系统的共存和互操作

E-UTRA 与其他 3GPP 系统的互操作需求包括但不限于：

（1）E-UTRAN 和 UTRAN/GERAN 多模终端支持对 UTRAN/GERAN 系统的测量，并支持 E-UTRAN 系统和 UTRAN/GERAN 系统之间的切换。

（2）E-UTRAN 应有效支持系统间测量。

（3）对于实时业务，E-UTRAN 和 UTRAN 之间的切换中断时间应低于 300 ms。

（4）对于非实时业务，E-UTRAN 和 UTRAN 之间的切换中断时间应低于 500 ms。

（5）对于实时业务，E-UTRAN 和 GERAN 之间的切换中断时间应低于 300 ms。

（6）对于非实时业务，E-UTRAN 和 GERAN 之间的切换中断时间应低于 500 ms。

（7）处于非激活状态（类似 R6 Idle 模式或 Cell_PCH 状态）的多模终端只需要监测 GERAN、UTRA 或 E-UTRA 中一个系统的寻呼信息。

四、比较 TDD-LTE 与 FDD-LTE

LTE 系统定义了频分双工（FDD）和时分双工（TDD）两种双工方式。FDD 是指在对称的频率信道上接收和发送数据，通过保护频段分离发送和接收信道的方式。TDD 是指通过时间分离发送和接收信道，发送和接收使用同一载波频率的不同时隙的方式。时间资源在两个方向上进行分配,因此基站和移动台必须协同一致工作。

TDD方式和FDD方式相比有一些独特的技术特点:

(1)能灵活配置频率,利用FDD系统不易使用的零散频段。

(2)TDD方式不需要对称使用频率,频谱利用率高。

(3)具有上下行信道互惠性,能够更好地采用传输预处理技术,如预RAKE技术、联合传输技术、智能天线技术等,能有效地降低移动终端的处理复杂性。

TDD双工方式相比于FDD,也存在明显的不足:

(1)TDD方式的时间资源在两个方向进行分配,因此基站和移动台必须协同一致进行工作,对同步要求高,系统较FDD复杂。

(2)TDD系统上行受限,因此TDD基站的覆盖范围明显小于FDD基站。

(3)TDD系统收发信道同频,无法进行干扰隔离,系统内和系统间存在干扰。

(4)另外,TDD对高速运动物体的支持性不够。

任务小结

本任务介绍了LTE标准化演进的背景以及LTE标准化组织3GPP、NGMN和LSTI,分析了频谱划分、系统带宽、峰值数据传输速率、用户面/控制面时延、频谱效率和网络吞吐量等技术特点,最后对TDD-LTE与FDD-LTE的异同点进行了比较。

任务二 研究LTE关键技术

任务描述

本任务将学习LTE的关键技术,包括多址方式、多天线技术、小区间干扰抑制技术和链路自适应技术。掌握什么是干扰随机化、小区间干扰消除、小区间干扰抑制、小区间干扰协调。掌握干扰协调的分类,以及什么是静态干扰协调、半静态干扰协调和动态干扰协调。掌握LTE的调制方式,什么是BPSK、QPSK、16QAM和64QAM。了解LTE中信道编码技术、卷积码和Turbo码的编码原理。掌握上/下行链路采用的链路自适应方法,以及什么是自适应调制与编码。

任务目标

- 识记:LTE上/下行链路采用了哪些链路自适应方法。
- 掌握:干扰随机化、小区间干扰消除、小区间干扰抑制、小区间干扰协调。

任务实施

一、了解多天线技术

(一)下行链路多天线传输

多天线传输支持2根或4根天线。码字最大数目是2,与天线数目没有必然关系,但是码字和层之间有着固定的映射关系。码字、层和天线口的大致关系可参考如图 5-2-1 所示的物理信道处理流程图。

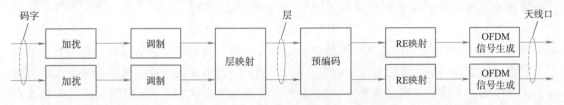

图 5-2-1　物理信道信号处理流程图

多天线技术包括空分复用（Spatial Division Multiplexing,SDM）、发射分集等技术。SDM 支持 SU-MIMO（Multiple-Input Multiple Output,多进多出）和 MU-MIMO。当一个 MIMO 信道都分配给一个 UE 时，称为 SU-MIMO（单用户 MIMO）；当 MIMO 数据流空分复用给不同的 UE 时，称为 MU-MIMO（多用户 MIMO）。

（二）上行链路多天线传输

上行链路一般采用单发双收的天线配置，但是也可以支持 MU-MIMO,即每个 UE 使用一根天线发射。但是，多个 UE 组合起来使用相同的时频资源以实现 MU-MIMO。FDD 还可以支持闭环类型的自适应天线选择性发射分集（该功能属于 UE 可选功能）。

二、掌握小区间干扰抑制技术

（一）干扰随机化

干扰随机化就是要将干扰随机化，使窄带的有色干扰等效为白噪声干扰，这种方式不能降低干扰的能量。常用的干扰随机化方法有序列加扰和交织两种。

1. 小区间特定的序列加扰

序列加扰通过在时域加入伪随机序列的方法获得干扰白化效果。如果没有加扰，接收端（UE）的解码器不能区分接收到的信号是来自本小区还是来自其他的小区，它既可能对本小区信号进行解码，也可能对其他小区信号进行解码，使得性能降低。在这种方案中，通过不同的扰码区分不同的小区信息，接收端只对特定小区的信号进行解码，达到了抑制干扰的目的。

2. 小区间特定的交织

通过对各小区的信号采用不同的交织图案进行信道交织，获得干扰白化效果。采用伪随机交织器产生大量的随机种子（Seed）为不同的小区产生不同的交织图案，交织图案的数量取决于交织器的长度。对每种交织图案进行编号，接收端通过检查交织模式的编号决定使用何种交织模式。在空间距离较远的地方，可以复用相同的交织图案。

（二）小区间干扰消除

1. 基于多天线接收终端的空间干扰压制技术

这种技术又称干扰抑制合并（Interference Rejection Combining,IRC）接收技术。它不依赖任何额外的发射端配置，只是利用从两个相邻小区到 UE 的空间信道差异区分服务小区和干扰小区的信号。

2. 基于干扰重构/减去的干扰消除技术

这种技术是通过将干扰信号解调/解码后，对该干扰信号进行重构，然后从接收信号中减去。如果能将干扰信号分量准确减去，剩下的就是有用信号和噪声。这无疑是一种更加有效的干扰消除技术。当然,由于需要完全解调甚至解码干扰信号,因此也对系统的设计如资源块分配、信道估计、同步、信令等提出了更高要求或带来了更多限制。在 LTE 中得到深入研究的干扰消除技术主要是基于 IDMA(交织多址)的迭代干扰消除技术。

在资源分配方面的限制。为了能有效地解调、解码干扰小区的信号,要求在每个干扰消除的周期内,干扰小区和被干扰小区在重叠的频谱上发送给各自的终端的信号必须包含且仅包含一个完整的信道编码块。资源分配一般有 3 种情况:第一种情况是干扰小区中的一个编码块和被干扰小区的一个编码块正好重叠,此时 ICI 干扰消除是简单的"双用户检测";第二种情况是被干扰小区中的一个编码块和干扰小区的两个编码块重叠,此时虽然仍可以进行 ICI 干扰消除,但必须要进行相对复杂的"三用户检测";第三种情况是被干扰小区中的一个编码块只对应于干扰小区的一个不完全的编码块,此时由于干扰信号无法被正确解码,因此无法采用 ICI 消除。

综上所述,LTE 除了考虑采用 IRC 接收这种不需要标准化的技术以获取基本的干扰消除效果以外,并未采用更先进的小区间干扰消除技术,而主要依靠小区间干扰协调技术提高小区边缘性能。但是,干扰协调技术在实际部署中还是受到诸多限制。因此,未来在 LTE 进一步演进时,小区间干扰消除技术仍是值得进一步考虑的技术。

(三)小区间干扰抑制

1. 发射端

发射端波束赋形,提供期望用户的信号强度,降低信号对其他用户的干扰。特别的,如果波束赋形时已经知道被干扰用户的方位,可以主动降低对该方向的辐射能量。部分频率切换示意图如图 5-2-2 所示。

2. 接收端

干扰抑制合并接收技术不依赖任何额外的发射端配置,只是利用从两个相邻小区到 UE 的空间信道差异区分服务小区和干扰小区的信号。理论上说,配置双接收天线的 LIE 应可以分辨两个空间信道。这项技术不需要对发射端做任何额外的标准化工作,但不依赖任何额外的信号区分手段(如频分、码分、交织器分),而仅依靠空分(Space Division)手段,很难取得满意的干扰消除效果。

(四)小区间干扰协调

干扰协调的基本思想是为小区间按照一定的规则和方法,协调资源的调度和分配,以减少本小区对相邻小区的干扰,提高相邻小区在这些资源上的信噪比以及小区边缘的数据速率和覆盖。按照协调的方式,干扰协调可分为静态干扰协调、半静态干扰协调和动态干扰协调。

1. 静态干扰协调

在这种方式中,资源限制的协商和实施在部署网络时完成,在网络运营的时期可以调整,限定各个小区的资源调度和分配策略,避免小区间的干扰。在这种情况下,eNode B 之间的信息交互量非常有限,信息交互的周期也比较长。比较典型的静态干扰协调方式是华为、西门子等公司提出的部分频率复用方案。

部分频率复用技术,即频率复用因子是可变的。由于 TDD-LTE 系统同频干扰主要影响小区边缘用户的质量,因此小区中心用户可以使用相同的频率资源,频率复用因子为 1,小区边缘用户、相邻的小区的频率复用因子为 3。图 5-2-3 所示为部分频率切换示意图。

图 5-2-2　部分频率切换示意图　　　　　　图 5-2-3　部分频率切换示意图

将整个频率子载波分成 3 个不同的部分,允许小区中心的用户使用所有频率资源,并使用较小的发射功率,因此可以认为在这些频带上的信号能量能够较好地被限制在小区内部,而不会对相邻小区造成明显的干扰。小区 1 的边缘使用第一频率,小区 2、4、6 的边缘只使用第二频段,小区 3、5、7 的边缘只使用第三频段,即边缘用户只能按照一定的频率规则使用部分频率且 eNode B 需要采用较高的功率发射。

部分频率复用技术不需要在 X2 接口交互资源利用信息,但不能根据小区中心和边缘用户的比例以及系统符合情况对资源集合进行调整,系统的频谱利用率低。

2. 半静态干扰协调

小区间慢速地交互小区内用户功率信息、小区负载信息、资源分配信息、干扰信息等,小区利用这些信息,调整中心和边缘用户的频率资源分配,以及功率大小来协调干扰,提高边缘用户性能。在这种情况下,信息交互的周期在数十秒至数分钟量级。半静态干扰协调的主要功能模块包括中心、边缘用户判断,上行和下行负载信息的提示,负载信息的收发管理,以及负载信息处理及其对资源调度,功率控制的影响。具体的步骤和功能如下:

(1)区分小区中心、边缘用户。通过测量控制消息配置 UE 进行参考信号接收功率(Reference Signal Receiving Power,RSRP)测量,测量控制消息中配置合理的门限和上报方法,基站通过终端上报的 RSRP 信息判断用户位置。

(2)负载信息产生。预测边缘用户需要的频率或功率资源数量以及位置,根据预测结果设置相应的 PRB 上的高干扰协调指示(High Interference Indicator,HII)和 RNTP(Relative Narrowband Tx Power)指示;预测时需要考虑邻区的负载信息。上行过载指示(Overload Indicator,OI)根据实际测量结果来设置,通常基于上行干扰功率相对于 IoT 目标值来判断干扰级别,其中 IoT 目标值为系统配置的上行总干扰相对于热噪声功率的目标。

(3)负载信息收发管理。负责根据负载信息的变化,触发性或者周期性地通过 X2 接口向邻区报告负载信息。

(4)负载处理信息。根据接收到的邻区的负载信息设置 PRB 的调度优先级、干扰等级和功控参数等,主要影响调度和功率控制模块。

3. 动态干扰协调

小区间实时动态地进行协调调度,降低小区间干扰的方法。动态干扰协调的周期为毫秒量级,要求小区间实时的信息交互,资源协调的时间通常以 TTI 为单位。由于 E-UTRA 系统基站间的 X2 接口的典型时延为 10 ~ 20 ms,不同基站间小区无法实现完全实时的动态干扰协调,因此 TDD-LTE 系统中不采用此技术。动态干扰协调更多地用于同一基站的不同扇区间的干扰协调技术。

三、掌握链路自适应技术

（一）调制技术

1. LTE 的调制方式

LTE 系统上下行均支持的调制方式包括 QPSK、16QAM 及 64QAM,如表 5-2-1 所示。

表 5-2-1 系统各信道调制方式

上 行 链 路		下 行 链 路	
信 道 类 型	调 制 方 式	信 道 类 型	调 制 方 式
PUSCH	QPSK、16QAM、64QAM	PDSCH	QPSK、16QAM、64QAM
PUCH	BPSK、QPSK	PBCH、PCFICH、PDCCH	QPSK

2. BPSK 与 QPSK 调制

BPSK(Binary Phase Shift Keying,二进制相移键控)是把模拟信号转换成数据值的转换方式之一,利用偏离相位的复数波浪组合来表现信息键控移相方式。BPSK 使用了基准的正弦波和相位反转的波浪,使一方为 0,另一方为 1,从而可以同时传送接收 2 值(1 比特)的信息。

由于最单纯的键控移相方式虽抗噪声较强,但传送效率差,所以常常使用利用 4 个相位的 QPSK 和利用 8 个相位的 8PSK。就模拟调制法而言,与产生 2ASK 信号的方法比较,只是对数字基带信号 $s(t)$ 要求不同,因此 BPSK 信号可以看作是双极性基带信号作用下的 DSB 调幅信号。而就键控法来说,用 $s(t)$ 控制开关电路,选择不同相位的载波输出,这时 $s(t)$ 为单极性 NRZ 或双极性 NRZ 脉冲序列信号均可。

BPSK 信号属于 DSB 信号,它的解调,不再能采用包络检测的方法,只能进行相干解调。BPSK 信号相干解调的过程实际上是输入已调信号与本地载波信号进行极性比较的过程,故常称为极性比较法解调。由于 BPSK 信号实际上是以一个固定初相的未调载波为参考的,因此,解调时必须有与此同频同相的同步载波。如果同步载波的相位发生变化,如 0 相位变为 π 相位或 π 相位变为 0 相位,则恢复的数字信息就会发生 0 变 1 或 1 变 0,从而造成错误的恢复。这种因为本地参考载波倒相,而在接收端发生错误恢复的现象称为“倒 π”现象或“反相工作”现象。绝对移相的主要缺点是容易产生相位模糊,造成反相工作。这也是它实际应用较少的主要原因。

QPSK(Quadrature Phase Shift Keying,正交相移键控)是一种数字调制方式。它分为绝对相移和相对相移两种。由于绝对相移方式存在相位模糊问题,所以在实际中主要采用相对移相方式 DQPSK。目前已经广泛应用于无线通信中,成为现代通信中一种十分重要的调制解调方式。

在数字信号的调制方式中 QPSK 是最常用的一种卫星数字信号调制方式,它具有较高的频谱利用率、较强的抗干扰性、在电路上实现也较为简单。偏移四相相移键控信号简称 O-QPSK。全称为 Offset QPSK,也就是相对移相方式 OQPSK。

在实际的调谐解调电路中,采用的是非相干载波解调,本振信号与发射端的载波信号存在频率偏差和相位抖动,因而解调出来的模拟 I、Q 基带信号是带有载波误差的信号。这样的模拟基带信号即使采用定时准确的时钟进行采样判决,得到的数字信号也不是原来发射端的调制信号,误差的积累将导致采样判决后的误码率增大,因此数字 QPSK 解调电路要对载波误差进行补偿,减少非相干载波解调带来的影响。此外,ADC 的采样时钟也不是从信号中提取的,当采样时钟与输入的数据不同步时,采样将不在最佳采样时刻进行,所得到的采样值的统计信噪比就不是最高,误码率就高,因此,在电路中还需要恢复出一个与输入符号率同步的时钟,来校正固定采样带来的样点误差,并且准确的位定时信息可为数字解调后的信道纠错解码提供正确的时钟。校正办法是由定时恢复和载波恢复模块通过某种算法产生定时和载波误差,插值或抽取器在定时和载波误差信号的控制下,对 A/D 转换后的采样值进行抽取或插值滤波,得到信号在最佳采样点的值,不同芯片采用的算法不尽相同,例如可以采用据辅助法(DA)载波相位和定时相位联合估计的最大似然算法。

3. 16QAM 与 64QAM 调制

16QAM 全称正交幅度调制,是一种数字调制方式。产生的方法有正交调幅法和复合相移法。16QAM 是指包含 16 种符号的 QAM 调制方式。16QAM 是用两路独立的正交 4ASK 信号叠加而成,4ASK 是用多电平信号去键控载波而得到的信号。它是 2ASK 调制的推广,与 2ASK 相比,这种调制的优点在于信息传输速率高。正交幅度调制是利用多进制振幅键控(MASK)和正交载波调制相结合产生的。十六进制的正交振幅调制是一种振幅相位联合键控信号。

16QAM 的产生有正交调幅法和复合相移法。正交调幅法是将两路正交的四电平振幅键控信号进行叠加,复合相移法是将两路独立的四相位相移键控信号进行叠加。

64QAM(相正交振幅调制)应用于使用同轴电缆的网络中,这种数字频率调制技术通常用于发送下行数据。64QAM 在一个 6 MHz 信道中,传输速率很高,最高可以支持 38.015 Mbit/s 的峰值传输速率。但是,对干扰信号很敏感,使得它很难适应嘈杂的上行传输(从电缆用户到因特网)。它的调制效率高,对传输途径的信噪比要求高,具有带宽利用率高的特点,适合有线电视电缆传输;我国有线电视网中广泛应用的 DVB-C 调制即 QAM 调制方式。QAM 是幅度和相位联合调制的技术,它同时利用了载波的幅度和相位来传递信息比特,不同的幅度和相位代表不同的编码符号。因此,在最小距离相同的条件下,QAM 星座图中可以容纳更多的星座点,即可实现更高的频带利用率。

(二)LTE 信道编码技术

数字信号在传输中往往由于各种原因,使得在传送的数据流中产生误码,从而使接收端产生图像跳跃、不连续、出现马赛克等现象。所以,通过信道编码这一环节,对数码流进行相应的处理,使系统具有一定的纠错能力和抗干扰能力,可极大地避免码流传送中误码的发生。误码的处理技术有纠错、交织、线性内插等。

提高数据传输效率,降低误码率是信道编码的任务。信道编码的本质是增加通信的可靠性,但会使有用的信息数据传输减少。信道编码的过程是在源数据码流中加插一些码元,从而达到在接收端进行判错和纠错的目的,这就是人们常说的开销。这就好像我们运送一批玻璃杯一样,为了保证运送途中不出现打烂玻璃杯的情况,通常都用一些泡沫或海绵等物将玻璃杯包装起来,这种包装使玻璃杯所占的容积变大,显然包装的代价使运送玻璃杯的有效个数减少了。同样,在带宽固定的信道中,总的传送码率也是固定的,由于信道编码增加了数据量,其结果只能是以降低传送有用信息码率为代价。将有用比特数除以总比特数就等于编码效率,不同的编码方式,其编码效率有所不同。

在 LTE 中有 3 种基本的信道编码:CRC 纠错编码、卷积码、Turbo 码。采用信道编码的目的是为了提高系统的有效性,通过减少数据中的冗余,用最少的比特数表示数据,以降低存储空间、传输时间或带宽的占用。通过人为地添加冗余,提高数据的抗干扰能力。

（三）自适应调制与编码

下行链路自适应主要指自适应调制编码（Adaptive Modulation and Coding，AMC），通过各种不同的调制方式（QPSK、16QAM 和 64QAM）和不同的信道编码率来实现。上行链路自适应包括 3 种链路自适应方法：自适应发射带宽、发射功率控制、自适应调制和信道编码率。

自适应调制编码技术的基本原理是在发送功率恒定的情况下,动态地选择适当的调制和编码方式（Modulation and Coding Scheme，MCS），确保链路的传输质量。当信道条件较差时,降低调制等级以及信道编码速率；当信道条件较好时,提高调制等级以及编码速率。对两天线传输来说,最著名的空时/频块码方式是 Alamouti 编码。AMC 技术实质上是一种变速率传输控制方法,能适应无线信道衰落的变化,具有抗多径传播能力强、频率利用率高等优点,但其对测量误差和测量时延敏感。

任务小结

通过本任务的学习,可掌握什么是干扰随机化、小区间干扰消除、小区间干扰抑制、小区间干扰协调以及干扰协调的分类；掌握 LTE 的调制方式；了解 LTE 中信道编码技术；掌握上/下行链路采用的链路自适应方法,以及自适应调制与编码。

任务三 讨论 LTE 多址方式的实现

任务描述

本任务将学习什么是 OFDM、SC-FDMA；掌握 OFDM 基本概念、OFDM 的优缺点、OFDM 关键技术：保护间隔、循环前缀、同步技术、信道估计和降峰均比技术,以及 OFDM 的应用；掌握 SC-FDMA 基本原理及 SC-FDMA 的应用。

任务目标

- 识记：OFDM、SC-FDMA。
- 掌握：OFDM 具有哪些优缺点。
- 掌握：OFDM 的关键技术。

任务实施

一、掌握下行多址 OFDMA 技术及应用

（一）OFDM 的概念

在传统的并行数据传输系统中,整个信号频段被划分为 N 个相互不重叠的频率子信道。每个子信道传输独立的调制符号,然后再将 N 个子信道进行频率复用。这种避免信道频谱重

叠看起来有利于消除信道间的干扰,但是这样又不能有效利用频谱资源。OFDM(Orthogonal Frequency Division Multiplexing,正交频分复用)是一种能够充分利用频谱资源的多载波传输方式。常规频分复用与 OFDM 的信道分配情况如图 5-3-1 所示。可以看出,OFDM 至少能够节约二分之一的频谱资源。

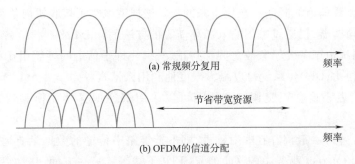

图 5-3-1　常规频分复用与 OFDM 的信道分配情况

OFDM 的主要思想是将信道分成若干正交子信道,将高速数据信号转换成并行的低速子数据流,调制到每个子信道上进行传输,如图 5-3-2 所示。

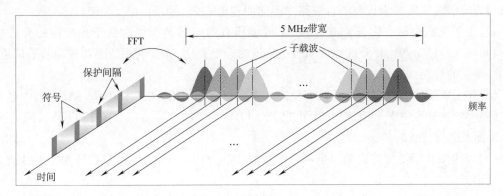

图 5-3-2　OFDM 原理

OFDM 利用快速傅里叶反变换(IFFT)和快速傅里叶变换来实现调制和解调。

OFDM 的调制解调流程如下:

(1)发射机在发射数据时,将高速串行数据转为低速并行,利用正交的多个子载波进行数据传输。

(2)各个子载波使用独立的调制器和解调器。

(3)各个子载波之间要求完全正交、各个子载波收发完全同步。

(4)发射机和接收机要精确同频、同步,准确进行位采样。

(5)接收机在解调器的后端进行同步采样,获得数据,然后转为高速串行。

在向 B3G/4G 演进的过程中,OFDM 是关键的技术之一,可以结合分集、时空编码、干扰和信道间干扰抑制以及智能天线技术,最大限度地提高系统性能。20 世纪 50 年代,OFDM 的概念就已经被提出,但是受限于传统的模拟技术很难实现正交的子载波,因此早期没有得到广泛的应用。随着数字信号处理技术的发展,S. B. Weinstein 和 P. M. Ebert 等人提出采用 FFT 实现正交载波调制的方法,为 OFDM 的广泛应用奠定了基础。此后,为了克服通道多径效应和定时误差引起的符号间干扰(ISI),A. Peled 和 A. Ruizt 提出了添加循环前缀的思想。

(二)OFDM 的优缺点

OFDM 系统越来越受到人们的广泛关注,其原因在于 OFDM 系统存在如下主要优点:

(1)把高速数据流通过串并转换,使得每个子载波上的数据符号持续长度相对增加,从而可以有效地减小无线信道的时间弥散所带来的 ISI,这样就减小了接收机内均衡的复杂度,有时甚至可以可不采用均衡器,仅通过采用插入循环前缀的方法消除 ISI 的不利影响。

(2)OFDM 系统由于各个子载波之间存在正交性,允许子信道的频谱相互重叠,因此与常规的频分复用系统相比,OFDM 系统可以最大限度地利用频谱资源。

(3)各个子信道中这种正交调制和解调可以采用快速傅里叶变换和快速傅里叶反变换(IFF)来实现。

(4)无线数据业务一般都存在非对称性,即下行链路中传输的数据量要远大于上行链路中的数据传输量,如 Internet 业务中的网页浏览、FTP 下载等。另一方面,移动终端功率一般小于 1 W,在大蜂窝环境下传输速率低于 10 ~ 100 kbit/s;而基站发送功率可以较大,有可能提供 1 Mbit/s 以上的传输速率。因此,无论从用户数据业务的使用需求,还是从移动通信系统自身的要求考虑,都希望物理层支持非对称高速数据传输,而 OFDM 系统可以很容易地通过使用不同数量的子信道来实现上行和下行链路中不同的传输速率。

(5)由于无线信道存在频率选择性,不可能所有的子载波都同时处于比较深的衰落情况中,因此可以通过动态比特分配以及动态子信道的分配方法,充分利用信噪比较高的子信道,从而提高系统的性能。

(6)OFDM 系统可以容易与其他多种接入方法相结合使用,构成 OFDMA 系统,其中包括多载波码分多址 MC-CDMA、跳频 OFDM 以及 OFDM-TDMA 等,使得多个用户可以同时利用 OFDM 技术进行信息的传递。

(7)因为窄带干扰只能影响一小部分子载波,因此 OFDM 系统可以在某种程度上抵抗这种窄带干扰。

但是,OFDM 系统内由于存在多个正交子载波,而且其输出信号是多个子信道的叠加,因此与单载波系统相比,存在如下主要缺点:

(1)易受频率偏差的影响。由于子信道的频谱相互覆盖,这就对它们之间的正交性提出了严格的要求,然而由于无线信道存在时变性,在传输过程中会出现无线信号的频率偏移(如多普勒频移),或者由于发射机载波频率与接收机本地振荡器之间存在的频率偏差,都会使得 OFDM 系统子载波之间的正交性遭到破坏,从而导致子信道间的信号相互干扰,这种对频率偏差敏感是 OFDM 系统的主要缺点之一。

(2)存在较高的峰值平均功率比。与单载波系统相比,由于多载波调制系统的输出是多个子信道信号的叠加,因此如果多个信号的相位一致时,所得到的叠加信号的瞬时功率就会远远大于信号的平均功率,导致出现较大的峰值平均功率比(PAPR)。这就对发射机内放大器的线性提出了很高的要求。如果放大器的动态范围不能满足信号的变化,则会为信号带来畸变,使叠加信号的频谱发生变化,从而导致各个子信道信号之间的正交性遭到破坏,产生相互干扰,使系统性能恶化。

(三)OFDM 的关键技术

OFDM 的关键技术主要包括保护间隔和循环前缀、同步技术、信道估计和降峰均比技术。

1. 保护间隔和循环前缀

采用 OFDM 的一个主要原因是它可以有效地对抗多径时延扩展。通过把输入的数据流串并变换到 N 个并行的子信道中,使得每个用于调制子载波的数据符号周期可以扩大为原始数据符号周期的 N 倍,因此时延扩展与符号周期的比值也同样降低 N 倍。为了最大限度地消除符号间干扰,还可以在每个 OFDM 符号之间插入保护间隔,而且该保护间隔长度 T_g 一般要大于无线信道的最大时延扩展,这样一个符号的多径分量就不会对下一个符号造成干扰。在这段保护间隔内,可以不插入任何信号,即一段空闲的传输时段。然而在这种情况下,由于多径传播的影响,则会产生信道间干扰(ICI),即子载波之间的正交性遭到破坏,不同的子载波之间产生干扰,如图 5-3-3 所示。

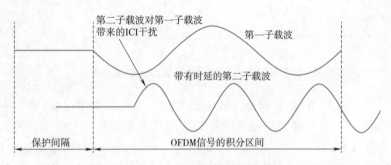

图 5-3-3　空闲保护间隔引起 ICI

由于每个 OFDM 符号中都包括所有的非零子载波信号,而且也同时会出现该 OFDM 符号的时延信号,因此图 5-3-4 中给出了第一子载波和第二子载波的延时信号。由于在 FFT 运算时间长度内,第一子载波与带有延时的第二子载波之间的周期个数之差不再是整数,所以当接收机试图对第一子载波进行解调时,第二子载波会对此造成干扰。同样,当接收机对第二子载波进行解调时,有时会存在来自第一子载波的干扰。

为了消除由于多径所造成的 ICI,OFDM 符号需要在其保护间隔内填入循环前缀信号,如图 5-3-4 所示。这样就可以保证在 FFT 周期内,OFDM 符号的延时副本内包含的波形的周期个数也是整数。这样,时延小于保护间隔 T_g 的时延信号就不会在解调过程中产生 ICI。

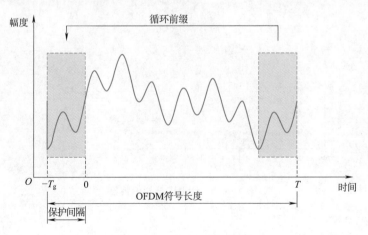

图 5-3-4　OFDM 循环前缀

通常,当保护间隔占到20%时,功率损失也不到 1 dB。但是带来的信息速率损失达20%,而在传统的单载波系统中存在信息速率(带宽)的损失。插入保护间隔可以消除 ISI(符号间干扰)和多径所造成的 ICI 的影响,因此这个代价是值得的。加入保护间隔之后基于 IFFT(IDFT)的 OFDM 系统框图如图 5-3-5 所示。

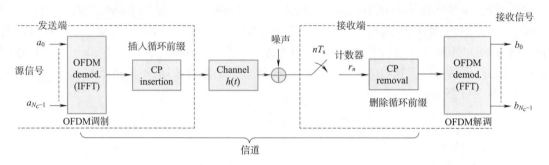

图 5-3-5　基于 IDFT(IFFT)的 OFDM 系统框图

图 5-3-5 给出了采用 IFFT 实现 OFDM 调制并加入循环前缀的过程:输入串行数据信号,首先经过串/并转换,串/并转换之后输出的并行数据就是要调制到相应子载波上的数据符号,相应的这些数据可以看成是一组位于频域上的数据。经过 IFFT 之后,出来的一组并行数据是位于离散的时间点上的数据,这样 IFFT 就实现了频域到时域的转换。图 5-3-6 以一种 QPSK 调制的数据给出了一组 OFDM 符号的传输情况,其中 CP 指循环前缀。

传输QPSK调制后的符号数据

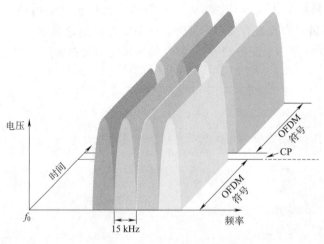

图 5-3-6　OFDM 符号的传输

2. 同步技术

同步在通信系统中占据非常重要的地位。例如,当采用同步解调或相干检测时,接收机需要提取一个与发射载波同频同相的载波;同时还要确定符号的起始位置等。一般的通信系统中存在如下的同步问题：

(1)发射机和接收机的载波频率不同。

(2)发射机和接收机的采样频率不同。

(3)接收机不知道符号的定时起始位置。

OFDM符号由多个子载波信号叠加构成,各个子载波之间利用正交性来区分,所以确保这种正交性对于OFDM系统来说是至关重要的,所以它对载波同步的要求也就相对较严格。在OFDM系统中存在以下同步要求：

(1)载波同步：接收端的振荡频率要与发送载波同频同相。

(2)样值同步：接收端和发射端的采样频率一致。

(3)符号定时同步：IFFT和FFT起止时刻一致。

与单载波系统相比,OFDM系统对同步精度的要求更高,同步偏差会在OFDM系统中引起ISI及ICI。图5-3-7所示为OFDM同步示意图,并且大概给出各种同步在系统中所处的位置。

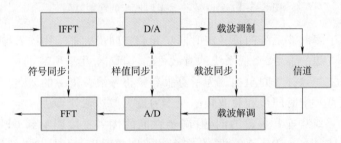

图5-3-7　OFDM同步示意图

发射机与接收机之间的频率偏差导致接收信号在频域内发生偏移。如果频率偏差是子载波间隔的n(n为整数)倍,虽然子载波之间仍然能够保持正交,但是频率采样值已经偏移了n个子载波的位置,造成映射在OFDM频谱内的数据符号的误码率高达0.5。如果载波频率偏差不是子载波间隔的整数倍,则在子载波之间就会存在能量的"泄漏",导致子载波之间的正交性遭到破坏,从而在子载波之间引入干扰,使得系统的误码率性能恶化。

可以通过两个过程实现载波同步,即捕获模式和跟踪模式。在跟踪模式下,只需要处理很小的频率波动；但是当接收机处于捕获模式时,频率偏差可以较大,可能是子载波间隔的若干倍。

接收机中第一阶段的任务就是要尽快地进行粗略频率估计,解决载波的捕获问题；第二阶段的任务就是能够锁定并且执行跟踪任务。把上述同步任务分为两个阶段的好处是：由于每一阶段内的算法只需要考虑其特定阶段内所要求执行的任务,因此可以在设计同步结构中引入较大的自由度。这也就意味着,在第一阶段(捕获阶段)内只需要考虑如何在较大的捕获范围内粗略估计载波频率,不需要考虑跟踪性能如何；而在第二阶段(跟踪阶段)内,只需要考虑如何获得较高的跟踪性能。

由于在OFDM符号之间插入了循环前缀保护间隔,因此OFDM符号同步的起始时刻可以在保护间隔内变化,而不会造成ICI和ISI,如图5-3-8所示。

只有当FFT运算窗口超出了符号边界,或者落入符号的幅度滚降区间,才会造成ICI和ISI,因此,OFDM系统对符号定时同步的要求会相对较宽松。但是在多径环境下,为了获得最佳的系统性能,需要确定最佳的符号定时。尽管符号定时的起点可以在保护间隔内任意选择,但是容易得知,任何符号定时的变化,都会增加OFDM系统对时延扩展的敏感程度,因此系统所能容忍的时延扩展就会低于其设计值。为了尽量减小这种负面的影响,需要尽量减小符号定时同步的误差。

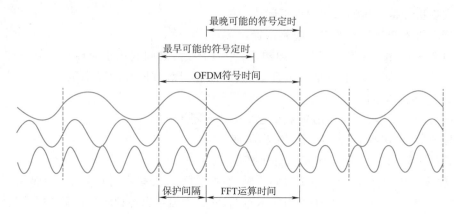

图 5-3-8　OFDM 符号定时同步的起始时刻

当前提出的关于多载波系统的符号定时同步和载波同步大都采用插入导频符号的方法,这会导致带宽和功率资源的浪费,降低系统的有效性。实际上,几乎所有的多载波系统都采用插入保护间隔的方法来消除符号间串扰。为了克服导频符号浪费资源的缺点,通常利用保护间隔所携带的信息完成符号定时同步和载波频率同步的最大似然估计算法。

同步是 OFDM 系统中非常关键的问题,同步性能的优劣直接影响到 OFDM 技术能否真正被用于无线通信领域。在 OFDM 系统中,存在多种级别的同步:载波同步、符号定时同步以及样值同步,其中每一级别的同步都会对 OFDM 系统性能造成影响。这里首先分析了 OFDM 系统内不同级别的同步问题,然后在此基础上介绍了几种分别用于载波同步和符号定时同步的方法。通过分析可以看到,只要合理地选择适当的同步方法,就可以在 OFDM 系统内实现同步,从而为其在无线通信系统中的应用打下坚实的基础。

3. 信道估计

加入循环前缀后的 OFDM 系统可以等效为 N 个独立的并行子信道。如果不考虑信道噪声,N 个子信道上的接收信号等于各自子信道上的发送信号与信道的频谱特性的乘积。如果通过估计方法预先获知信道的频谱特性,将各子信道上的接收信号与信道的频谱特性相除,即可实现接收信号的正确解调。

常见的信道估计方法有基于导频信道和基于导频符号(参考信号)两种,多载波系统具有时频二维结构,因此采用导频符号的辅助信道估计更灵活。导频符号辅助方法是在发送端的信号中某些固定位置插入一些已知的符号和序列,在接收端利用这些导频符号和导频序列按照某些算法进行信道估计。在单载波系统中,导频符号和导频序列只能在时间轴方向插入,在接收端提取导频符号估计信道脉冲响应。在多载波系统中,可以同时在时间轴和频率轴两个方向插入导频符号,在接收端提取导频符号估计信道传输函数。只要导频符号在时间和频率方向上的间隔相对于信道带宽足够小,就可以采用二维内插(如滤波的方法)来估计信道传输函数。

4. 降峰均比技术

除了对频率偏差敏感之外,OFDM 系统的另一个主要缺点就是峰值功率与平均功率比,简称峰均比(PAPR)过高的问题。即与单载波系统相比,由于 OFDM 符号是由多个独立的经过调制的信号相加而成,这样的合成信号就有可能产生比较大的峰值功率,由此会带来较大的峰值平均功率比。信号预畸变技术是最简单、最直接的降低系统内峰均比的方法。在信号被送到放大器之前,首先经过非线性处理,对有较大峰值功率的信号进行预畸变,使其不会超出放大器的动态变化范围,从而避免降低较大的PAPR的出现。最常用的信号预畸变技术包括限幅和压缩扩张方法。

　　信号经过非线性部件之前进行限幅,就可以使得峰值信号低于所期望的最大电平值。尽管限幅非常简单,但是它也会为OFDM系统带来相关的问题。首先,对OFDM符号幅度进行畸变,会对系统造成自身干扰,从而导致系统的BER性能降低。其次,OFDM信号的非线性畸变会导致带外辐射功率值增加,其原因在于限幅操作可以被认为是OFDM采样符号与矩形窗函数相乘。如果OFDM信号的幅值小于门限值,则该矩形窗函数的幅值为1;如果信号幅值需要被限幅,则该矩形窗函数的幅值应该小于1。根据时域相乘等效于频域卷积的原理,经过限幅的OFDM符号频谱等于原始OFDM符号频谱与窗函数频谱的卷积,因此其带外频谱特性主要由两者之间频谱带宽较大的信号来决定,也就是由矩形窗函数的频谱来决定。

　　为了克服矩形窗函数所造成的带外辐射过大的问题,可以利用其他的非矩形窗函数,如图5-3-9所示。

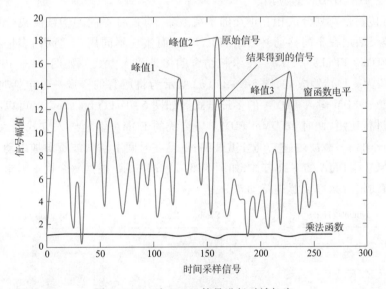

图5-3-9　对OFDM符号进行时域加窗

　　总之,选择窗函数的原则就是:其频谱特性比较好,而且也不能在时域内过长,避免对更多个时域采样信号造成影响。

　　除了限幅方法之外,还有一种信号预畸变方法就是对信号实施压缩扩张。在传统的扩张方法中,需要把幅度比较小的符号进行放大,而大幅度信号保持不变,一方面增加了系统的平均发射功率,另一方面使得符号的功率值更加接近功率放大器的非线性变化区域,容易造成信号的失真。

　　因此给出一种改进的压缩扩张变换方法。在这种方法中,把大功率发射信号压缩,而把小功率信号进行放大,从而可以使得发射信号的平均功率相对保持不变。这样不但可以减小系统的PAPR,而且还可以使得小功率信号抗干扰的能力有所增强。μ律压缩扩张方法可以用于这种方法中,在发射端对信号实施压缩扩张操作,而在接收端要实施逆操作,恢复原始数据信号。

压缩扩张变化的 OFDM 系统基带简图如图 5-3-10 所示,其中 S/P 指串并变换。

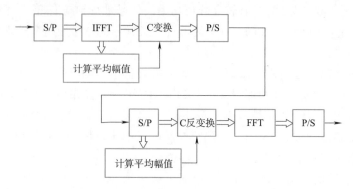

图 5-3-10　压缩扩张变化的 OFDM 系统基带简图

(四)OFDM 在下行链路中的应用

LTE 系统下行链路采用 OFDMA(Orthogonal Frequency Division Multiple Access,正交频分多址接入)方式,是基于 OFDM 的应用。

OFDMA 将传输带宽划分成相互正交的子载波集,通过将不同的子载波集分配给不同的用户,可用资源被灵活地在不同移动终端之间共享,从而实现不同用户之间的多址接入。这可以看成是一种 OFDM + FDMA + TDMA 技术相结合的多址接入方式。如图 5-3-13 所示,如果将 OFDM 本身理解为一种传输方式,图 5-3-11(a)所示为将所有的资源——包括时间、频率都分配给了一个用户;OFDM 融入 FDMA 的多址方式后如图 5-3-11(b)所示,就可以将子载波分配给不同的用户进行使用,此时 OFDM + FDMA 与传统的 FDMA 多址接入方式最大的不同就是,分配给不同用户的相邻载波之间是部分重叠的;一旦在时间上对载波资源加以动态分配就构成了 OFDM + FDMA + TDMA 的多址方式,如图 5-3-11(c)所示,根据每个用户需求的数据传输速率、当时的信道质量对频率资源进行动态分配。

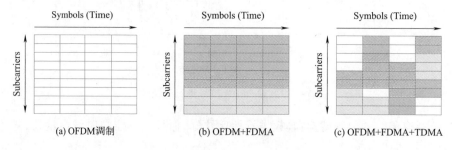

(a) OFDM调制　　　　　(b) OFDM+FDMA　　　　　(c) OFDM+FDMA+TDMA

图 5-3-11　基于 OFDM 的多址方式

在 OFDMA 系统中,可以为每个用户分配固定的时间 - 频率方格图,使每个用户使用特定的部分子载波,而且各个用户之间所用的子载波是不同的,如图 5-3-12 所示。

OFDMA 方案中,还可以很容易地引入跳频技术,即在每个时隙中,可以根据跳频图样来选择每个用户所使用的子载波频率。这样允许每个用户使用不同的跳频图样进行跳频,就可以把 OFDMA 系统变化成为跳频 CDMA 系统,从而可以利用跳频的优点为 OFDM 系统带来好处。跳频 OFDMA 的最大好处在于为小区内的多个用户设计正交跳频图样,从而可以相对容易地消除小区内的干扰,如图 5-3-13 所示。

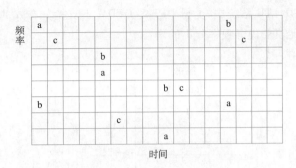

图 5-3-12　固定分配子载波的
OFDMA 方案时间-频率示意图

图 5-3-13　跳频 OFDMA 方案示意图

OFDMA 把跳频和 OFDM 技术相结合,构成一种灵活的多址方案,其主要优点在于:

(1)OFDMA 系统可以不受小区内干扰的影响,因此 OFDMA 系统可以获得更大的系统容量。

(2)OFDMA 可以灵活地适应带宽要求。OFDMA 通过简单地改变所使用的子载波数量,就可以适用于特定的传输带宽。

(3)当用户的传输速率提高时,OFDMA 与动态信道分配技术结合使用,可支持高速数据的传输。

二、学习上行多址 SC-FDMA 技术

(一)SC-FDMA 多址接入技术

DFT-S-OFDM 是基于 OFDM 的一项改进技术,在 TD-LTE 中,之所以选择 DFT-S-OFDM,即 SC-FDMA(单载波频分多址)作为上行多址方式,是因为与 OFDM 相比,DFT-S-OFDM 具有单载波的特性,因而其发送信号峰均比较低,在上行功放要求相同的情况下,可以提高上行的功率效率,降低系统对终端的功耗要求。LET 上行多址方式示意图如图 5-3-14 所示,其中 CP 为循环前缀。

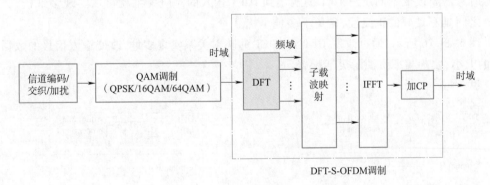

图 5-3-14　LTE 上行多址方式示意图

上述关于下行与上行的两种多址方式,对于其中的"子载波映射",都存在两种可能的实现方式:一种是集中式(Localized),即 DFT 产生的频域信号按原有顺序集中映射到 IFFT 的输入;另一种是分布式(Distributed),即均匀地映射到间隔为 L 的子载波上,如图 5-3-15 所示。在

TD-LTE 系统中,上行 DFT-S-OFDM 不支持分布式的传输模式,而采用帧内(时隙间)或帧间的跳频来获得频率分集的增益。

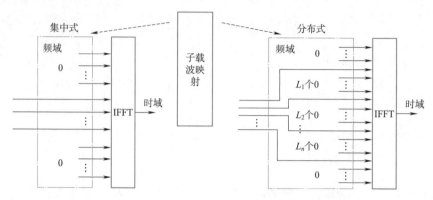

图 5-3-15 子载波映射方式

OFDM/OFDMA 技术是 TDD-LTE 系统的技术基础与主要特点,OFDM/OFDMA 系统参数设置对整个系统的性能会产生决定性的影响。其中载波间隔又是 OFDM 系统的最基本参数,经过理论分析与仿真比较最终确定载波间隔为 15 kHz。上下行的最小资源块为 375 kHz,也就是 25 个子载波宽度,数据到资源块的映射方式可采用集中(Localized)方式或分布方式。循环前缀 Cyclic Prefix(CP)的长度决定了 OFDM 系统的抗多径能力和覆盖能力。长 CP 利于克服多径干扰,支持大范围覆盖,但系统开销也会相应增加,导致数据传输能力下降。为了达到小区半径 100 km 的覆盖要求,TD-LTE 系统采用长短两套循环前缀方案,根据具体场景进行选择:短 CP 方案为基本选项,长 CP 方案用于支持 TD-LTE 大范围小区覆盖和多小区广播业务。

由于 OFDM 具有频谱效率高、带宽扩展灵活等特性,成为 B3G/4G 演进过程中的关键技术之一,它可以结合分集技术、时空编码技术、干扰和信道间干扰抑制以及智能天线技术,最大限度地提高系统性能。

利用 DFT-S-OFDM 的以上特点可以方便地实现 SC-FDMA 多址接入方式。多用户复用频谱资源时只需要改变不同用户 DFT 的输出到 IDFT 输入的对应关系就可以实现多址接入,同时子载波之间具有良好的正交性,避免了多址干扰。

如图 5-3-16 所示,通过改变 DFT 到 IDFT 的映射关系实现多址;改变输入信号的数据符号块 M 的大小,实现频率资源的灵活配置。

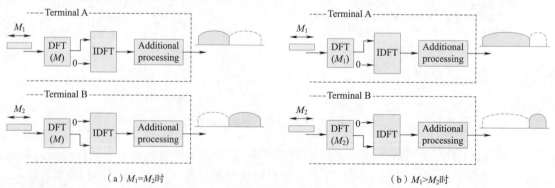

(a) $M_1 = M_2$ 时 　　　　　　　　　　(b) $M_1 > M_2$ 时

图 5-3-16 基于 DFTS-OFDM 的频分多址

如图 5-3-17 所示,SC-FDMA 的两种资源分配方式:集中式资源分配、分布式资源分配是 3GPP 讨论过的两种上行接入方式,最终为了获得低的峰均比,降低 UE 的负担选择了集中式的分配方式。另一方面,为了获取频率分集增益,选用上行跳频作为上行分布式传输方式的替代方案。

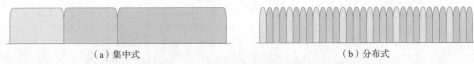

　　　　　　　（a）集中式　　　　　　　　　　　　　　　　（b）分布式

图 5-3-17　基于 DFTS-OFDM 的集中式、分布式频分多址

（二）OFDM 在上行链路中的应用

OFDM 系统的输出是多个子信道信号的叠加,因此,如果多个信号的相位一致,所得到的叠加信号的瞬时功率就会远远高于信号的平均功率。PAPR 高,对发射机的线性度提出了很高的要求。所以在上行链路,基于 OFDM 的多址接入技术并不适合用在 UE 侧使用。LTE 上行链路所采用的 SC-FDMA 多址接入技术基于 DFT-Spread OFDM 传输方案,同 OFDM 相比,它具有较低的峰均比。

DFT-S-OFDM 的调制过程是以长度为 M 的数据符号块为单位完成的:

（1）通过 DFT 离散傅里叶变换,获取这个时域离散序列的频域序列。这个长度为 M 的频域序列要能够准确描述出 M 个数据符号块所表示的时域信号。

（2）DFT 的输出信号送入 N 点的离散傅里叶反变换 IDFT 中,其中 $N > M$。因为 IDFT 的长度比 DFT 的长度长,IDFT 多出的那一部分输入用 0 补齐。

（3）在 IDFT 之后,为避免符号干扰同样为这一组数据添加循环前缀。

从上面的调制过程可以看出,DFT-S-OFDM 同 OFDM 的实现有一个相同的过程,即都有一个采用 IDFT 的过程,所以 DFTS-OFDM 可以看成是一个加入了预编码的 OFDM 过程。如果 DFT 的长度 M 等于 IDFT 的长度 N,那么两者级联,DFT 和 IDFT 的效果就互相抵消,输出的信号就是一个普通的单载波调制信号。当 $N > M$ 并且采用零输入来补齐 IDFT 时,IDFT 输出信号的 PAPR 较之于 OFDM 信号较小;通过改变 DFT 输出的数据到 IDFT 输入端的映射情况,可以改变输出信号占用的频域位置。通过 DFT 获取输入信号的频谱,后面 N 点的 IDFT,或者看成是 OFDM 的调制过程实际上就是将输入信号的频谱信息调制到多个正交的子载波上。LTE 下行 OFDM 正交的子载波上承载的直接是数据符号。正是因为这点,所以 DFT-S-OFDM 的 PAPR 能够保持与初始的数据符号相同的 PAPR。$N = M$ 时的特例最能体现这一点,如图 5-3-18 所示。

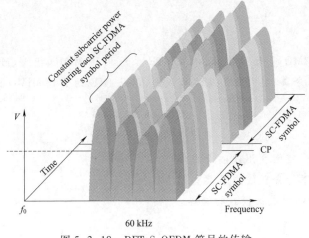

图 5-3-18　DFT-S-OFDM 符号的传输

通过改变 DFT 的输出到 IDFT 输入端的对应关系,输入数据符号的频谱可以被搬移至不同的位置。图 5-3-19 所示为集中式和分布式两种映射方式。

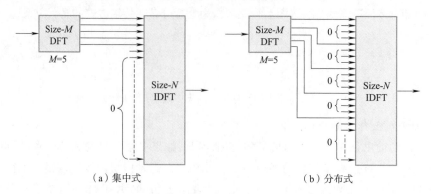

（a）集中式　　　　　　　　　　（b）分布式

图 5-3-19　集中式和分布式两种映射方式

图 5-3-20 所示为这两种方式下输出信号的频谱分布。

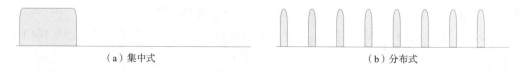

（a）集中式　　　　　　　　　　（b）分布式

图 5-3-20　集中式和分布式 DFT-S-OFDM 调制出的信号的频谱分布

任务小结

通过本任务的学习,可掌握 OFDM、SC-FDMA 的概念及 SC-FDMA、OFDM 的优缺点,着重学习 OFDM 关键技术,了解 OFDM、SC-FDMA 在 LTE 中的应用。

任务四　分析多天线技术

任务描述

本任务将学习 MIMO 多天线技术,以及 LTE 系统中的 MIMO 模型、MIMO 基本原理;掌握 MIMO 关键技术:空间分集、空间复用及波束成形,以及 LTE 的 7 种 MIMO 模式。

任务目标

- 掌握:空间分集、空间复用及波束成形。
- 掌握:LTE 上/下行分别使用了哪些 MIMO 技术。
- 掌握:7 种 MIMO 模式及模式的选择。

任务实施

一、了解 MIMO 系统

多天线技术是移动通信领域中无线传输技术的重大突破,系统模型如图 5-4-1 所示。通常,多径效应会引起衰落,因而被视为有害因素,然而,多天线技术却能将多径作为一个有利因素加以利用。MIMO(Multiple Input Multiple Output,多输入多输出)技术利用空间中的多径因素,在发送端和接收端采用多个天线,通过空时处理技术实现分集增益或复用增益,充分利用空间资源,提高频谱利用率。

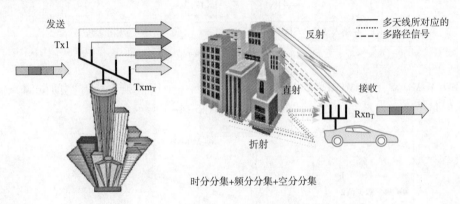

图 5-4-1　MIMO 系统模型

总的来说,MIMO 技术的目的有两个:

(1)提供更高的空间分集增益。联合发射分集和接收分集两部分提供了更大的空间分集增益,保证等效无线信道更加"平稳",从而降低误码率,进一步提升系统容量。

(2)提供更大的系统容量。在信噪比(SNR)足够高,同时信道条件满足"秩 > 1"时,可以在发射端把用户数据分解为多个并行的数据流,然后分别在每根发送天线上进行同时刻、同频率的发送,同时保持总发射功率不变。最后,再由多元接收天线阵根据各个并行数据流的空间特性,在接收机端将其识别,并利用多用户解调结束最终恢复出原数据流。

无线通信系统中通常采用如下几种传输模型:单输入单输出系统(SISO)、多输入单输出系统(MISO)、单输入多输出系统(SIMO)和多输入多输出系统(MIMO)。其传输模型如图 5-4-2 所示。

在一个无线通信系统中,天线是处于最前端的信号处理部分。提高天线系统的性能和效率,将会直接给整个系统带来可观的增益。传统天线系统的发展经历了从单发/单收天线,到多发/单收天线,以及单发/多收天线的阶段。

为了尽可能地抵抗这种时变 - 多径衰落对信号传输的影响,人们不断地寻找新的技术。采用时间分集(时域交织)和频率分集(扩展频谱技术)技术就是在传统 SISO 系统中抵抗多径衰落的有效手段,而空间分集(多天线)技术就是 MISO、SIMO 或 MIMO 系统进一步抵抗衰落的有效手段。

LTE(Long Term Evolution,长期演进)系统中常用的 MIMO 模型有下行单用户 MIMO(SU-

MIMO)和上行多用户 MIMO(MU-MIMO)。

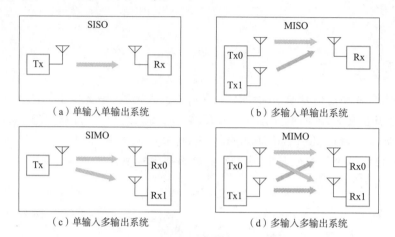

（a）单输入单输出系统　　　　　（b）多输入单输出系统

（c）单输入多输出系统　　　　　（d）多输入多输出系统

图 5-4-2　典型传输模型示意图

（1）SU-MIMO 单用户 MIMO：指在同一时频单元上一个用户独占所有空间资源，这时的预编码考虑的是单个收发链路的性能，其传输模型如图 5-4-3 所示。

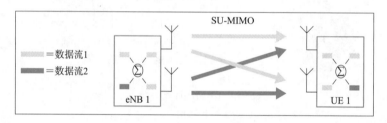

图 5-4-3　单用户 MIMO 传输模型

（2）MU-MIMO（多用户 MIMO）：多个终端同时使用相同的时频资源块进行上行传输，其中每个终端都是采用 1 根发射天线，系统侧接收机对上行多用户混合接收信号进行联合检测，最后恢复出各个用户的原始发射信号。上行 MU-MIMO 是大幅提高 LTE 系统上行频谱效率的一个重要手段，但是无法提高上行单用户峰值吞吐量。其传输模型如图 5-4-4 所示。

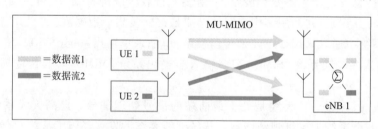

图 5-4-4　多用户 MIMO 传输模型

二、掌握 MIMO 的基本原理

（一）MIMO 系统模型

MIMO 系统在发射端和接收端均采用多天线（或阵列天线）和多通道，MIMO 的多入多出是针对多径无线信道来讲的。图 5-4-5 所示为 MIMO 系统原理图。

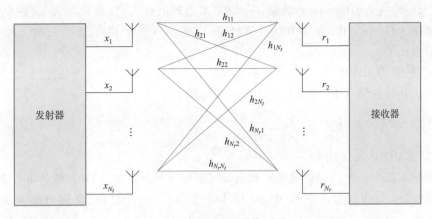

图 5-4-5 MIMO 系统原理

在发射器端配置了 N_t 个发射天线，在接收器端配置了 N_r 个接收天线，$x_j(j=1,2,\cdots,N_t)$ 表示第 j 号发射天线发射的信号，$r_i(i=1,2,\cdots,N_r)$ 表示第 i 号接收天线接收的信号，h_{ij} 表示第 j 号发射天线到第 i 号接收天线的信道衰落系数。在接收端，噪声信号 n_i 是统计独立的复零均值高斯变量，而且与发射信号独立，不同时刻的噪声信号间也相互独立，每一个接收天线接收的噪声信号功率相同，都为 σ^2。假设信道是准静态的平坦瑞利衰落信道。MIMO 系统的信号模型可以表示为图 5-4-6。写成矩阵形式为：$r=H_x+n$。MIMO 将多径无线信道与发射、接收视为一个整体进行优化，从而实现高的通信容量和频谱利用率。这是一种近于最优的空域时域联合的分集和干扰对消处理。

$$\begin{bmatrix} r_1 \\ r_2 \\ \vdots \\ r_{Nr} \end{bmatrix} = \begin{bmatrix} h_{11} & h_{12} & \cdots & h_{1\,Nt} \\ h_{21} & h_{22} & \cdots & h_{2\,Nt} \\ \vdots & \vdots & \vdots & \vdots \\ h_{N_r1} & h_{N_r2} & \vdots & h_{N_rNt} \end{bmatrix} \begin{bmatrix} x_1 \\ x_2 \\ \vdots \\ x_{N_t} \end{bmatrix} + \begin{bmatrix} n_1 \\ n_2 \\ \vdots \\ n_{N_t} \end{bmatrix}$$

图 5-4-6 MIMO 系统的信号模型

（二）MIMO 系统容量

系统容量是表征通信系统的最重要标志之一，表示了通信系统最大传输速率。无线信道容量是评价一个无线信道性能的综合性指标，它描述了在给定的信噪比和带宽条件下，某一信道能可靠传输的传输速率极限。传统的单输入单输出系统的容量由香农（Shannon）公式给出，而 MIMO 系统的容量是多天线信道的容量问题。

假设在发射端，发射信号是零均值独立同分布的高斯变量，总的发射功率限制为 P_t，各个天线发射的信号都有相等的功率 N_t/P_t。由于发射信号的带宽足够窄，因此认为它的频率响应是平坦的，即信道是无记忆的。在接收端，噪声信号 n_i 是统计独立的复零均值高斯变量，而且与发射信号独立，不同时刻的噪声信号间也相互独立，每一个接收天线接收的噪声信号功率相同，都为 σ^2。假设每一根天线的接收功率等于总的发射功率，那么，每一根接收天线处的平均信噪比 $\mathrm{SNR}=P_t/\sigma^2$，则信道容量可以表示为

$$C=\log_h\left\{\det\left[I_{N_r}+\frac{1}{N_t}\frac{P_t}{\sigma^2}\boldsymbol{HH}^{\mathrm{H}}\right]\right\}$$

式中,H 表示矩阵进行(Hermitian)转置;det 表示求矩阵的行列式,如果对数 log 的底为 2,则信道容量的单位为$(bit/s)/Hz$,H 为 H 的共轭转置,I_{N_r} 表示 N_r 维单位阵,N_t 为发射天线数量,N_r 为接收天线数量。

也就是说,采用 MIMO 技术,系统的信道容量随着天线数量的增大而线性增大,在不增加带宽和天线发送功率的情况下,频谱利用率可以成倍提高。

三、掌握 MIMO 关键技术

(一)下行 MIMO 关键技术

为了满足系统中高速数据传输速率和高系统容量方面的需求,LTE 系统的下行 MIMO 技术支持 2×2 的基本天线配置。下行 MIMO 技术主要包括:空间复用、空间分集及波束成形三大类。

1. 空间复用

空间复用的主要原理是利用空间信道的弱相关性,通过在多个相互独立的空间信道上传输不同的数据流,从而提高数据传输的峰值速率。LTE 系统中空间复用技术包括:开环空间复用和闭环空间复用。

开环空间复用是 LTE 系统支持基于多码字的空间复用传输。所谓多码字,即用于空间复用传输的多层数据来自于多个不同的独立进行信道编码的数据流,每个码字可以独立地进行速率控制。闭环空间复用即所谓的线性预编码技术。

线性预编码技术的作用是将天线域的处理转化为波束域进行处理,在发射端利用已知的空间信道信息进行预处理操作,从而进一步提高用户和系统的吞吐量。线性预编码技术可以按其预编码矩阵的获取方式划分为两大类:非码本的预编码和基于码本的预编码。非码本的预编码方式是在预编码矩阵的发射端获得,发射端利用预测的信道状态信息,进行预编码矩阵计算。常见的预编码矩阵计算方法有奇异值分解、均匀信道分解等,其中奇异值分解的方案最为常用。对于非码本的预编码方式,发射端有多种方式可以获得空间信道状态信息,如直接反馈信道、差分反馈、利用 TDD 信道对称性等。基于码本的预编码方式是在预编码矩阵的接收端获得,接收端利用预测的信道状态信息,在预定的预编码矩阵码本中进行预编码矩阵的选择,并将选定的预编码矩阵的序号反馈至发射端。目前,LTE 采用的码本构建方式基于 Householder 变换的码本。

MIMO 系统的空间复用原理图如图 5-4-7 所示。

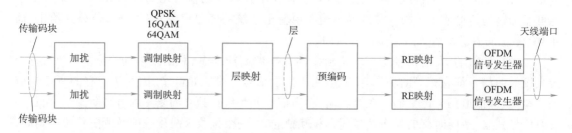

图 5-4-7 MIMO 系统的空间复用原理图

在目前的 LTE 协议中,下行采用的是 SU-MIMO。可以采用 MIMO 发射的信道有 PDSCH 和 PMCH,其余的下行物理信道不支持 MIMO,只能采用单天线发射或发射分集。LTE 系统的空间复用原理图如图 5-4-8 所示。

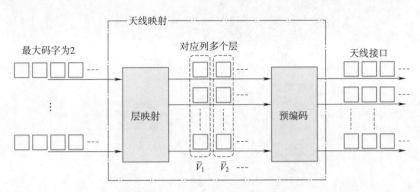

图 5-4-8 LTE 系统空间复用原理图

2. 空间分集

采用多个收发天线的空间分集可以很好地对抗传输信道的衰落。空间分集分为发射分集、接收分集和接收发射分集 3 种。发射分集是在发射端使用多幅发射天线发射信息,通过对不同的天线发射的信号进行编码达到空间分集的目的,接收端可以获得比单天线高的信噪比。发射分集包含空时发射分集(STTD)、空频发射分集(SFBC)和循环延迟分集(CDD)。

空时发射分集是通过对不同的天线发射的信号进行空时编码达到时间和空间分集的目的;在发射端对数据流进行联合编码以减小由于信道衰落和噪声导致的符号错误概率。空时编码通过在发射端的联合编码增加信号的冗余度,从而使得信号在接收端获得时间和空间分集增益。可以利用额外的分集增益提高通信链路的可靠性,也可在同样可靠性下利用高阶调制提高数据传输速率和频谱利用率。基于发射分集的空时编码(Space-Time Coding,STC)技术的一般结构如图 5-4-9 所示。

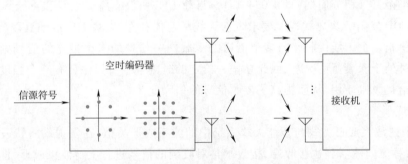

图 5-4-9 空时编码技术的一般结构

STC 技术的物理实质在于利用存在于空域与时域之间的正交或准正交特性,按照某种设计准则,把编码冗余信息尽量均匀地映射到空时二维平面,以减弱无线多径传播所引起的空间选择性衰落及时间选择性衰落的消极影响,从而实现无线信道中高可靠性的高速数据传输。

典型的有空时格码(Space-Time Trellis Code,STTC)和空时块码(Space-Time Block Code,STBC)。

空频发射分集与空时发射分集类似,不同的是 SFBC 是对发送的符号进行频域和空域编码;将同一组数据承载在不同的子载波上面获得频率分集增益。两天线 SFBC 的原理图如图 5-4-10 所示。

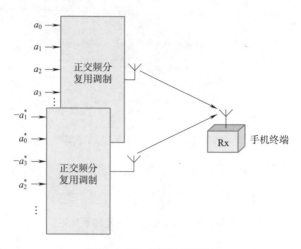

图 5-4-10　SFBC 原理图

　　除两天线 SFBC 发射分集外,LTE 协议还支持 4 天线 SFBC 发射分集,并且给出了构造方法。SFBC 发射分集方式通常要求发射天线尽可能独立,以最大限度地获取分集增益。延时发射分集是一种常见的时间分集方式,可以通俗地理解为发射端为接收端人为制造多径。

　　LTE 中采用的延时发射分集并非简单的线性延时,而是利用 CP 特性采用循环延时操作。根据 DFT 变换特性,信号在时域的周期循环移位(即延时)相当于频域的线性相位偏移,因此LTE 的 CDD(循环延时分集)是在频域上进行操作的。

　　LTE 协议支持一种与下行空间复用联合作用的大延时 CDD 模式。大延时 CDD 将循环延时的概念从天线端口搬到了 SU-MIMO 空间复用的层上,并且延时明显增大。仍以两天线为例,延时达到了半个符号积分周期(即 1 024 Ts)。目前 LTE 协议支持 2 天线和 4 天线的下行 CDD发射分集。CDD 发射分集方式通常要求发射天线尽可能独立,以最大限度地获取分集增益。

　　接收分集指多个天线接收来自多个信道的承载同一信息的多个独立的信号副本。由于信号不可能同时处于深衰落情况下,因此在任一给定的时刻至少可以保证有一个强度足够大的信号副本提供给接收机使用,从而提高了接收信号的信噪比。

　　3. 波束成形

　　MIMO 中的波束成形方式与智能天线系统中的波束成形类似,在发射端将待发射数据矢量加权,形成某种方向图后到达接收端,接收端再对收到的信号进行上行波束成形,抑制噪声和干扰。与常规智能天线不同的是,原来的下行波束成形只针对一个天线,现在需要针对多个天线。通过下行波束成形,使得信号在用户方向上得到加强,通过上行波束成形,使得用户具有更强的抗干扰能力和抗噪能力。因此,和发射分集类似,可以利用额外的波束成形增益提高通信链路的可靠性,也可在同样可靠性下利用高射阶调制提高数据传输速率和频谱利用率。波束成形原理图如图 5-4-11 所示。

　　典型的波束成形可以按照信号的发射方式和反馈的信道信息进行分类。按照信号的发射方式分为传统波束成形和特征波束成形。传统波束成形指当信道特征值只有一个或只有一个接收天线时,沿特征向量发射所有的功率实现波束成形。特征波束成形指对信道矩阵进行特征值分解,信道将转化为多个并行的信道,在每个信道上独立传输数据。

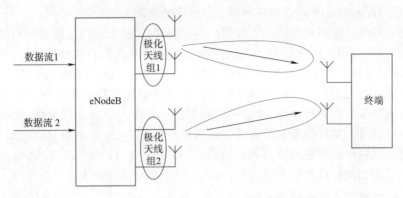

图 5-4-11　波束成形原理图

按反馈的信道信息分类可分为瞬时信道信息反馈、信道均值信息反馈和信道协方差矩阵反馈。

（二）上行 MIMO 关键技术

与下行 MIMO 相同，LTE 系统上行 MIMO 技术也包括空间分集和空间复用。在 LTE 系统中，应用 MIMO 技术的上行基本天线配置为 1×2，即一根发送天线和两根接收天线。考虑到终端实现复杂度的问题，目前对于上行并不支持一个终端同时使用两根天线进行信号发送，即只考虑存在单一上行传输链路的情况。因此，在当前阶段上行仅仅支持上行天线选择和多用户 MIMO 两种方案。

1. 上行天线选择

对于 FDD 模式，存在开环和闭环两种天线选择方案。开环方案即 UMTS 系统中的时间切换传输分集（TSTD）。在开环方案中，上行共享数据信道在天线间交替发送，这样可以获得空间分集，从而避免共享数据信道的深衰落。在闭环天线选择方案中，UE 必须从不同的天线发射参考符号，用于在基站侧提前进行信道质量测量，基站选址可以提供更高接收信号功率的天线，用于后续的共享数据信道传输，被选中的天线信息需要通过下行控制信道反馈给目标 UE，最后，UE 使用被选中的天线进行上行共享数据信道传输。

对于 TDD 模式，可以利用上行与下行信道之间的对称性，这样，上行天线选择可以基于下行 MIMO 信道估计来进行。一般来讲，最优天线选择准则可分为两种：一种是以最大化多天线提供的分集来提高传输质量；另一种是以最大化多天线提供的容量来提高传输效率。与传统的单天线传输技术相比，上行天线选择技术可以提供更多的分集增益，同时保持着与单天线传输技术相同的复杂度。从本质上看，该技术是以增加反馈参考信号为代价而取得了信道容量提升。

2. 上行多用户 MIMO

对于 LTE 系统上行链路，在每个用户终端只有一个天线的情况下，如果把两个移动台合起来进行发送，按照一定方式把两个移动台的天线配合成一对，它们之间共享配对的两天线，使用相同的时/频资源，那么这两个移动台和基站之间就可以构成一个虚拟 MIMO 系统，从而提高上行系统的容量。由于在 LTE 系统中，用户之间不能互相通信，因此，该方案必须由基站统一调度。

用户配对是上行多用户 MIMO 的重要而独特的环节，即基站选取两个或多个单天线用户在同样的时/频资源块里传输数据。由于信号来自不同的用户，经过不同的信道，用户间互相干扰的程度不同，因此，只有通过有效的用户配对过程，才能使配对用户之间的干扰最小，进而更好地获得多用户分集增益，保证配对后无线链路传输的可靠性及健壮性。目前已提出的配对策略有正交配对、随机配对和基于路径损耗和慢衰落排序的配对方法。

正交配对选择两个信道正交性最大的用户进行配对,这种方法可以减少用户之间的配对干扰,但是由于搜寻正交用户计算量大,所以复杂度太大。随机配对目前使用比较普遍,优点是配对方式简单,配对用户的选择随机生成,复杂度低,计算量小。缺点是对于随机配对的用户,有可能由于信道相关性大而产生比较大的干扰。基于路径损耗和慢衰落排序的配对方法将用户路径损耗加慢衰落值的和进行排序,对排序后相邻的用户进行配对。这种配对方法简单,复杂度低,在用户移动缓慢、路径损耗和慢衰落变化缓慢的情况下,用户重新配对频率也会降低,而且由于配对用户路径损耗加慢衰落值相近,所以也降低了用户产生"远近"效应的可能性。缺点是配对用户信道相关性可能较大,配对用户之间的干扰可能比较大。

(三)MIMO 传输方案的应用

MIMO 传输方案的应用如表 5-4-1 所示。

表 5-4-1　MIMO 传输方案的应用

传输方案	秩	信道相关性	移动性	数据传输速率	在小区中的位置
发射分集(SFBC)	1	低	高/中速移动	低	小区边缘
开环空间复用	2/4	低	高/中速移动	中/低	小区中心/边缘
双流预编码	2/4	低	低速移动	高	小区中心
多用户 MIMO	2/4	低	低速移动	高	小区中心
码本波束成形	1	高	低速移动	低	小区边缘
非码本波束成形	1	高	低速移动	低	小区边缘

理论上,虚拟 MIMO 技术可以极大地提高系统吞吐量,但是实际配对策略以及如何有效地为配对用户分配资源的问题,会对系统吞吐量产生很大的影响。因此,需要在性能和复杂度两者之间取得一个良好的折中,虚拟 MIMO 技术的优势才能充分发挥出来。

四、掌握 MIMO 模式

(一)MIMO 模式的种类

LTE 中主要有 7 种 MIMO 模式,模式 1~模式 7。7 种模式描述如表 5-4-2 所示。

表 5-4-2　LTE 的 7 种 MIMO 模式

传输模式	DCI 格式	DCI 盲检搜索空间(C-RNTI)	PDCCH 传输方案
模式 1	DCI 格式 1A	公共与 UE 专用搜索空间	单天线端口 0
	DCI 格式 1	UE 专用搜索空间	单天线端口 0
模式 2	DCI 格式 1A	公共与 UE 专用搜索空间	发射分集
	DCI 格式 1	UE 专用搜索空间	发射分集
模式 3	DCI 格式 1A	公共与 UE 专用搜索空间	发射分集
	DCI 格式 2A	UE 专用搜索空间	开环空分复用(CDD)或发射分集
模式 4	DCI 格式 1A	公共与 UE 专用搜索空间	发射分集
	DCI 格式 2	UE 专用搜索空间	闭环空分复用或发射分集
模式 5	DCI 格式 1A	公共与 UE 专用搜索空间	发射分集
	DCI 格式 1D	UE 专用搜索空间	多用户 MIMO

传输模式	DCI格式	DCI盲检搜索空间（C-RNTI）	PDCCH传输方案
模式6	DCI格式1A	公共与UE专用搜索空间	发射分集
	DCI格式1B	UE专用搜索空间	闭环单层预编码
模式7	DCI格式1A	公共与UE专用搜索空间	单天线端口0（PBCH单天线端口）或发射分集
	DCI格式1	UE专用搜索空间	单天线端口5

（二）7种模式的特点

模式1：单天线模式。

模式2：Alamouti码发射分集方案。

模式3：开环空间复用，适用于高速移动模式。

模式4：闭环空间复用，适用于低速移动模式。

模式5：支持两UE的MU-MIMO。

模式6：Rank1的闭环发射分集，可以获得较好的覆盖。

模式7：Beam-forming方案。

（三）7种模式的应用

7种MIMO模式在下行物理信道的应用情况如表5-4-3所示。模式1～模式2适用于PDSCH、PBCH、PCFICH、PDCCH、PHICH和SCH下行物理信道；模式3～模式7适用于PDSCH下行物理信道。

表5-4-3　MIMO模式在下行物理信道的应用

物理信道	模式1	模式2	模式3～模式7
PDSCH	☼	☼	☼
PBCH	☼	☼	
PCFICH	☼	☼	
PDCCH	☼	☼	
PHICH	☼	☼	
SCH	☼	☼	

（四）MIMO系统模式选择说明

模式1：主要用于单天线的情况下，现在很少用到。

模式2：主要用于对抗衰落，提高信号传输的可靠性，适用于小区边缘用户。

模式3：针对小区中心用户，提高峰值速率，适用于高速移动场景。

模式4：2码字——高峰值速率，适用于小区中心用户；1码字——增加小区功率和抑制干扰，适用于小区边缘用户。

模式5：提高系统容量，适用于上行链路传输和室内覆盖。

模式6：增强小区功率和小区覆盖，适用于市区等业务密集区。

模式7：单天线端口（端口5），无码本波束成形，适用于TDD；增加小区功率和抑制干扰，适用于小区边缘用户。

某些环境因素的改变，导致手机需要自适应MIMO模式，具体影响因素如下：

（1）移动性环境改变。模式2/3适用于高速移动环境，不要求终端反馈PMI；模式4～模式

7 适用于低速移动环境,不要求终端反馈 PMI 和 RI;如果从低速移动变为高速移动,采用模式 2 和 3;如果从高速移动变为低速移动,采用模式 4 和 6。

(2)秩改变。低相关性环境:如果秩≥2,采用大延迟 CDD 和双流预编码。高相关性环境:如果秩 =1,采用码本波束成形或 SFBC。信道相关性改变:如果信道相关性从低到高变化,采用 SFBC 和码本波束成形;如果信道相关性从高到低变化,采用双流预编码。

(3)用户和小区的相对位置改变。小区中心:信噪比较高,采用双流预编码可以最大限度地提供系统容量。小区边缘:信噪比较低,采用单流预编码可以提供小区覆盖。用户和小区相对位置变化:如果从小区中心向小区边缘移动,采用单流预编码,如 SFBC 和码本波束成形;如果从小区边缘向小区中心移动,在秩 >1 时,采用双流预编码。

五、了解 MIMO 典型应用场景

(一)MIMO 部署

MIMO 部署的几种典型场景如图 5-4-12 所示。

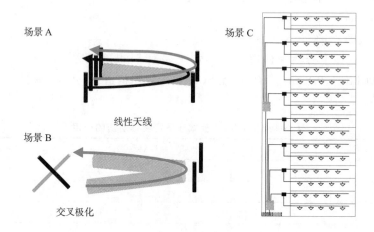

图 5-4-12　MIMO 部署的几种典型场景

场景 A 适用于覆盖范围广的地区,如农村或交通公路。适合简单的多径环境,采用模式 6 码本波束成形,保持半波长间距的四根发射天线,增加约 4 dB 链路预算。

场景 B 适用于市区、郊区、热点地区和多径环境,更注重发射能力而非覆盖,采用 2/4 传输交叉极化天线,低流动性时模式 4 闭环空间复用,高流动性时模式 3 发射分集。

场景 C 适用于室内覆盖,采用模式 5 多用户 MIMO,在室内覆盖情况下多用户 MIMO 和 SDMA 原理类似,由于不同楼层之间的相关性较低,多个用户可以在不同楼层使用相同的无线资源。

(二)发射分集的应用场景

MIMO 系统的天线选择方案如图 5-4-13 所示。

1. Case 1

(1)能够满足 LTE 系统的基本要求。

(2)适用于大多数情况,如高/低速移动,高/低相关性信道衰落。

(3)性能较 Case 2 低。

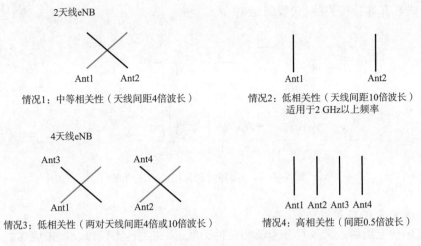

图 5-4-13 MIMO 系统的天线选择方案

（4）适用于模式 2~模式 7。

2. Case 2

（1）适用于热点区域和复杂的多径环境。

（2）能够提高系统容量。

（3）安装难度高，尤其在频率低于 2 GHz 时。

（4）适用于模式 4 和模式 5。

3. Case 3

（1）适用于所有模式。

（2）由于有 4 个天线端口，同两天线端口相比，最大的优点能够提高上行覆盖范围。

（3）安装占用空间较大。

4. Case 4

（1）适用于模式 6。

（2）适用于大覆盖范围，如农村。

（3）需要考虑 LTE 天线类型的选择。

综上所述，在 LTE 发展初期，Case 1 是较好的选择，它可以在大多数情况下发展 LTE 网络。Case 2 可以用在市区等数据传输速率要求较高的复杂多径环境下。Case 3/4 能够用在 LTE 网络发展的第二个阶段，尤其在上行链路能够提高 LTE 网络覆盖范围。在简单的多径环境（如农村），高相关性天线（Case 4）通常用来增加小区半径。在复杂的多路径环境如市区，低相关性天线（Case 1/2/3）通常用来增加峰值速率。

（三）闭环空间复用的应用场景

闭环空间复用的实现原理如图 5-4-14 所示。

闭环空间复用适用于：

（1）低速移动终端。

（2）带宽有限系统（高信噪比，尤其在小区中心）。

（3）UE 反馈 PMI 和 RI。

（4）复杂的多径环境。

（5）天线具有低互相关性（天线间距 10 m）。

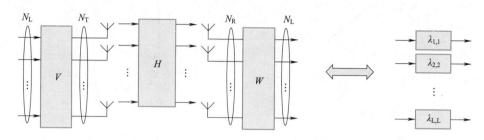

图 5-4-14　闭环空间复用的实现原理

（四）波束成形的应用场景

波束成形的应用场景大致可分为低相关性天线、高相关性天线以及波束成形。

1. 低互相关性天线

（1）天线间距较远且有不同的极化方向。

（2）天线权重包括相位和振幅。

（3）对发送信号进行相位旋转以补偿信道相位，并确保接收信号的相位一致。

（4）可以为信道条件较好的天线分配更大功率。

（5）模式 7，非码本波束成形。

2. 高互相关性天线

（1）天线间距较小。

（2）不同天线端口的天线权重和信道衰落相同。

（3）不同相位反转到终端的方向。

（4）适用于大区域覆盖。

（5）通过增强接收信号强度来对抗信道衰落。

（6）模式 6，码本波束成形。

3. 波束成形

这是在发射端将待发射数据矢量加权，形成某种方向图后发送到接收端。

（1）在下行链路提供小区边缘速率：增加信号发射功率，同时抑制干扰。

（2）无码本波束成形：基于测量的方向性和上行信道条件，基站计算分配给每个发射机信号的控制相位和相对振幅。

（3）基于码本的波束成形：该机制和秩 =1 的 MIMO 预编码相同。UE 从码本中选择一个合适的预编码向量，并上报预编码指示矩阵给基站。

4. 波束成形应用场景

（1）天线具有高互相关性。

（2）适用于简单的多径环境中，如农村。

（3）跟空间复用相比，波束成形适合于干扰较小的环境。

🌀 任务小结

通过本任务的学习，可掌握 LTE 系统中的 MIMO 模型、MIMO 基本原理、MIMO 关键技术，以及至关重要的 LTE 的 7 种 MIMO 模式。

任务五　学习 LTE 系统结构设计

任务描述

本任务将学习 LTE 系统网络架构,掌握 LTE 网络拓扑结构、LTE 网络架构特点、LTE 主要网元及功能,以及 LTE 接口及功能。

任务目标

- 掌握:LTE 系统网络架构图。
- 掌握:ENB、MME、SGW、PGW、HSS 的功能。
- 掌握:LTE 可支持的系统带宽。

任务实施

一、掌握 LTE 系统网络架构

LTE 采用扁平化的网络结构,无线接入网 E-UTRAN 部分,相当于 3G 的无线接入网元,包含控制器(RNC)、基站(Node-B)两部分。整个 LTE/SAE 系统由核心网(EPC)、基站(eNB)和用户设备组成。图 5-5-1 所示为 LTE 网络拓扑结构。

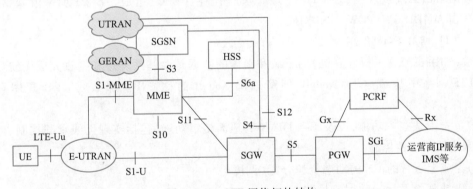

图 5-5-1　LTE 网络拓扑结构

（一）接入网和核心网功能划分

（1）E-UTRAN 提供空中接口功能(包含物理层、MAC、RLC、PDCP、RRC 功能)以及小区间的 RRM 功能、RB 控制、连接的移动性控制、无线资源的调度、对 eNB 的测量配置、对空口接入的接纳控制等。

（2）EPC 通过 MME、SGW 服务网关和 PGW 分组交换等控制面节点和用户面节点完成非接入层信令处理和安全管理、空闲的移动性管理、EPS(核心网系统)承载控制以及移动锚点功能、UE 的 IP 地址分配、分组过滤等功能。

（二）LTE 网络架构特点

1. 承载全 IP 化

2G/3G 核心网内部均采用全 IP 承载方式。2G/3G 核心网分组域与无线接入网之间是多种承载方式并存，即 TDM/ATM/IP 同时存在。LTE/EPC 阶段，网络结构将全 IP 化，即用 IP 完全取代传统 ATM 及 TDM。

2. 控制承载分离

EPC 核心网网络架构秉承了控制与承载分离的理念，将 2G/3G 分组域中 SGSN 的控制面功能与用户面功能相分离，分别由两个网元来完成，其中 MME 负责移动性管理、信令控制等控制面功能，SGW 负责媒体流处理及转发等用户面功能。GGSN 的用户面功能不变，由 PGW 承担原 GGSN 的职能。

3. 网络扁平化

在 2G/3G 核心网分组域中，用户数据处理经过"Node B→RNC→GGSN→GGSN→外部数据网"几个节点，数据每经过一个节点都需要经过拆包再重新打包。这种结构既增加成本又增加时延。在 HSPA R7 阶段 3GPP 提出了针对性的解决方案，即 DT（直接隧道）技术，用户平面增加 Node B 通过 RNC 经直接隧道连接 GGSN 的通道。在 Flat HSPA + R7 中，取消 RNC，将部分 RNC 的功能直接融入基站，Node B 基站经直接隧道连接 GGSN，这个阶段，用户数据仅需要经过两跳处理。EPC 网络架构继承了 DT 思路，省去传统的基站控制器（RNC、BSC），基站控制器的大部分功能转移到基站 eNodeB 实现，核心网侧最少只需 SAE-GW 一个网元实现用户面处理。原来的四级架构演变为"eNodeB→SAE→GW→外部数据网"，体现了扁平化的演进思路。

二、掌握 LTE 网元及功能

LTE 网络由无线接入网（E-UTRAN）和演进核心网（EPC）组成。E-UTRAN 由基站构成；EPC 主要由 MME、SGW、PGW、HSS 构成。

（一）LTE 网络 E-UTRAN 由 eNode B 构成

终端（如手机或者平板计算机）的下载和上传的数据是由基站发送和接收完成无线信号的传送。LTE 网络中基站称为 eNodeB、即演进型 NodeB 简称 eNB。那么 eNodeB 具体有什么功能？

（1）负责无线接入功能，以及 E-UTRAN 的地面接口功能，包括实现无线承载控制、无线许可控制和连接移动性控制。

（2）完成上下行的 UE 的动态资源分配（调度）。

（3）IP 头压缩及用户数据流加密。

（4）UE 附着时的 MME 选择。

（5）S-GW 用户数据的路由选择。

（6）MME 发起的寻呼和广播消息的调度传输。

（7）完成有关移动性配置和调度的测量和测量报告。

（二）移动管理实体 MME

MME（Mobility Management Entity，移动管理实体），是 SAE 的控制核心，主要负责用户接入控制、业务承载控制、寻呼、切换控制等控制信令的处理。MME 功能与网关功能分离，这种控制平面/用户平面分离的架构，有助于网络部署、单个技术的演进以及全面灵活的扩容。

MME 的功能包括:

(1)NAS 信令。

(2)NAS 信令安全。

(3)AS 安全控制。

(4)3GPP 无线网络的网间移动信令。

(5)idle 状态 UE 的可达性(包括寻呼信号重传的控制和执行)。

(6)跟踪区列表管理。

(7)PGW 和 SGW 的选择。

(8)切换中需要改变 MME 时的 MME 选择。

(9)切换到 2G 或 3GPP 网络时的 SGSN 选择。

(10)漫游。

(11)鉴权。

(12)包括专用承载建立的承载管理功能。

(13)支持 ETWS 信号传输。

(三)服务网关 SGW

SGW 作为本地基站切换时的锚定点,主要负责以下功能:在基站和公共数据网关之间传输数据信息;为下行数据包提供缓存;基于用户的计费等。S-GW 的功能包括:

(1)eNB 间切换时,本地的移动性锚点。

(2)3GPP 系统间的移动性锚点。

(3)E-UTRAN idle 状态下,下行包缓冲功能以及网络触发业务请求过程的初始化。

(4)合法侦听。

(5)包路由和前转。

(6)上/下行传输层包标记。

(7)运营商间的计费时,基于用户和 QCI 粒度统计。

(8)分别以 UE、PDN、QCI 为单位的上下行计费。

(四)分组数据网网关 PGW

在 EPC 系统中引入的 PGW 网元实体类似于 GGSN 网元的功能,为 EPC 网络的边界网关。公共数据网关 PGW 作为数据承载的锚定点,提供以下功能:包转发、包解析、合法监听、基于业务的计费、业务的 QoS 控制,以及负责和非 3GPP 网络间的互联等。PGW 的功能包括:

(1)基于每用户的包过滤(例如借助深度包探测方法)。

(2)合法侦听。

(3)UE 的 IP 地址分配。

(4)下行传输层包标记。

(5)上/下行业务级计费、门控和速率控制。

(6)基于聚合最大比特速率(AMBR)的下行速率控制。

(五)归属签约用户服务器 HSS

HSS 是 3GPP 在 R5 引入 IMS 时提出的概念,其功能与 HLR 类似但更加强大,支持更多接口,可以处理更多的用户信息。HSS 所提供的功能包括 IP 多媒体功能、PS 域必需的 HLR 功能及 CS 域必需的 HLR 功能。HSS 可处理的信息包括用户识别、编号和地址信息;用户安全信息,即针对鉴权和授权的网络接入控制信息;用户定位信息,即 HSS 支持用户登记、存储位置信息、用户清单信息。

三、掌握 LTE 接口及功能

通过学习可知,网络拓扑结构是由不同网元连接起来的,网元之间通过运行相关的协议相互通信,传送信令和业务,称为网元间接口。

(一)LTE/EPC 网络中涉及的主要接口

LTE/EPC 网络中涉及的主要接口及接口协议如表 5-5-1 所示。

表 5-5-1 主要接口及接口协议

接口名称	连接网元	接口功能描述	主要协议
S1-MME	eNodeB-MME	用于传送会话管理(SM)和移动性管理(MM)信息,即信令面或控制面信息	S1-AP
S1-U	eNodeB-SGW	在 GW 与 eNodeB 设备间建立隧道,传送用户数据业务,即用户面数据	GTP-U
X2-C	eNodeB-NodeB	基站间控制面信息	X2-AP
X2-U	eNodeB-Node B	基站间用户面信息	GTP-U
S3	SGSN-MME	在 MME 和 SGSN 设备间建立隧道,传送控制面信息	GTPV2-C
S4	SGSN-SGW	在 S-GW 和 SGSN 设备间建立隧道,传送用户面数据和控制面信息	GTPV2-C GTP-U
S5	SGW-PGW	在 GW 设备间建立隧道,传送用户数据和控制面信息(设备内部接口)	GTPV2-C GTP-U
S6a	MME-HSS	完成用户位置信息的交换和用户签约信息的管理,传送控制面信息	Diameter
S8	SGW-PGW	漫游时,归属网络 PGW 和拜访网络 SGW 之间的接口,传送控制面和用户面数据	GTPV2-C GTP-U
S9	PCRF-PCRF	控制面接口,传送 QoS 规则和计费相关的信息	Diameter
S10	MME-MME	在 MME 设备间建立隧道,传送信令,组成 MME 池,传送控制面数据	GTPV2-C
S11	MME-SGW	在 MME 和 GW 设备间建立隧道,传送控制面数据	GTPV2-C
S12	RNC-SGW	传送用户面数据,类似 Gn/Gp SGSN 控制下的 UTRAN 与 GGSN 之间的 Iu-u/Gn-u 接口	GTP-U
S13	MME-EIR	用于 MME 和 EIR 中的 UE 认证核对过程	GTPV2-C
Gx(S7)	PCRF-PGW	提供 QoS 策略和计费准则的传递,属于控制面信息	Diameter
Rx	PCRF-IP 承载网	用于 AF 传递应用层会话信息给 PCRF,传送控制面数据	Diameter
SGi	PGW-外部互联网	建立隧道,传送用户面数据	DHCP/Radius/IPSEC/L2TP/GRE
SGs	MME-MSC	传递 CSFB 的相关信息	SGs-AP
Sv	MME-MSC	传递 SRVCC 的相关信息	GTPV2-C
Gy	P-GW-OCS	传送在线计费的相关信息	Diameter

（二）Uu 接口

LTE 的 Uu 空中接口可实现 UE 和 E-UTRAN 的通信，可支持 1.4 MHz、3 MHz、5 MHz、10 MHz、15 MHz、20 MHz 的可变带宽。

Uu 接口实现的交互数据分为用户面数据和控制面数据两类。用户面数据是用户业务数据，如上网、语音、视频等；控制面数据主要指 RRC（无线资源控制）消息，实现对 UE 的接入、切换、广播、寻呼等有效控制。

（三）S1 接口

S1 接口是 eNodeB 与 EPC 之间的接口。S1 控制平面接口位于 eNodeB 和 MME 之间，传输网络层是利用 IP 传输，这点类似于用户平面；为了可靠地传输信令消息，在 IP 层之上添加了 SCTP；应用层的信令协议为 S1-AP。

用户平面接口位于 E-Node B 和 S-GW 之间。S1-UP 的传输网络层基于 IP 传输，UDP/IP 之上的 GTP-U 用来传输 SGW 与 eNB 之间的用户平面 PDU。

（四）S11 接口

S11 接口 MME 与 SGW 之间的接口，用于创建/删除会话、建立/删除承载消息。

（五）S6a 接口

S6a 接口是 MME 与 HSS 之间的接口，主要功能是签约数据和认证数据。签约数据包括用户标识（IMSI、MSISDN 等）、签约业务 APN、服务等级 QoS、接入限制 ARD、用户位置、漫游限制等信息，该类信息通过 S6a 接口的位置更新、插入用户数据等操作进行交互。认证数据包括鉴权参数（Rand、Res、Kasme、AUTN 四元组），该类信息通过 S6a 接口的鉴权操作进行交互。

（六）S5/S8 接口

S5 接口是本地 S-GW 连接到本地 PDN-GW 时使用的接口，S8 是与外地 PDN-GW 连接使用的接口。

任务小结

通过本任务的学习，可掌握 LTE 网络拓扑结构、LTE 网络架构特点、LTE 主要网元及功能以及相应接口。

任务六　了解无线帧结构的设计

任务描述

本任务将学习无线帧结构的设计，FDD 模式和 TDD 模式的无线帧结构、RE 和 RB 的定义。

任务目标

- 掌握：FDD 模式的无线帧结构。
- 掌握：TDD 模式的无线帧结构。
- 掌握：RE 和 RB。

任务实施

一、掌握无线帧结构

LTE 在空中接口上支持两种帧结构：Type 1 和 Type 2，其中 Type 1 用于 FDD 模式，Type 2 用于 TDD 模式，两种无线帧长度均为 10 ms。

TDD 帧结构如图 5-6-1 所示。每个无线帧的总长度 $T_f = 10$ ms，进一步可以分成 10 个长度为 $T_{sf} = 1$ ms 的子帧。为了提供一致且精确的时间定义，LTE 系统以 $T_s = 1/30\ 720\ 000$ s 作为基本时间单位，系统中所有的时隙都是这个基本单位的整数倍。时隙可表示为 $T_f = 307\ 200\ T_s$，$T_{sf} = 30\ 720\ T_s$。

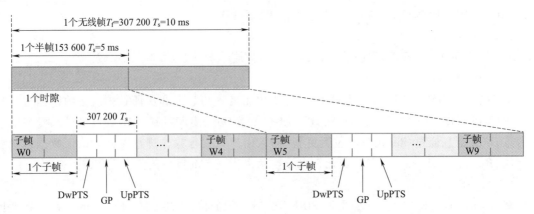

图 5-6-1　TDD 帧结构

每个 10 ms 无线帧包括 2 个长度为 5 ms 的半帧，每个半帧由 4 个数据子帧和 1 个特殊子帧组成。特殊子帧包括 3 个特殊时隙：DwPTS、GP 和 UpPTS，总长度为 1 ms。

在 FDD 模式下，10 ms 的无线帧分为 10 个长度为 1 ms 的子帧，每个子帧由两个长度为 0.5 ms 的时隙组成，如图 5-6-2 所示。

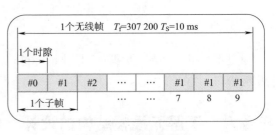

图 5-6-2　帧结构类型 2

二、了解物理资源分配

LTE 上下行传输使用的最小资源单位称为资源粒子（Resource Element，RE）。LTE 在进行数据传输时，将上下行时频物理资源组成资源块（Resource Block，RB），作为物理资源单位进行调度与分配。一个 RB 由若干个 RE 组成，在频域上包含 12 个连续的子载波，在时域上包含 7 个连续的 OFDM 符号（在 Extended CP 情况下为 6 个），即频域宽度为 180 kHz，时间长度为 0.5 ms。下行和上行时隙的物理资源结构图分别如图 5-6-3 和图 5-6-4 所示。

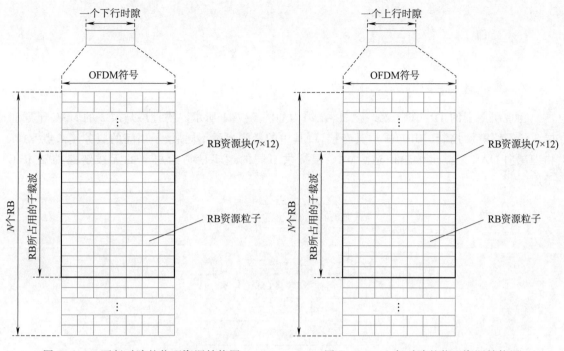

图 5-6-3　下行时隙的物理资源结构图　　　图 5-6-4　上行时隙的物理资源结构图

任务小结

本任务学习了 FDD 模式和 TDD 模式的无线帧结构、FDD 模式和 TDD 模式的无线帧结构的异同点,讲解了无线帧、半帧、子帧、时隙和符号的定义,以及 RE 和 RB 的定义。

任务七　掌握信道的定义与映射

任务描述

本任务将学习 LTE 信道的定义与映射,掌握逻辑信道的分类和功能、传输信道的分类和功能、物理信道的分类和功能、物理信道的处理流程、逻辑信道和传输信道以及传输信道与物理信道之间的映射关系,以及物理信号的定义和分类。

任务目标

- 掌握:逻辑信道、传输信道、物理信道的定义。
- 掌握:信道之间的映射关系。
- 掌握:物理信号的定义和分类。

任务实施

一、掌握逻辑信道的定义和类型

物理层周围的 TD-LTE 无线接口协议结构如图 5-7-1 所示。物理层与层 2 的 MAC 子层和层 3 的无线资源控制（RRC）子层具有接口，其中的椭圆表示不同层/子层间的服务接入点 SAP。物理层向 MAC 层提供传输信道。MAC 层提供不同的逻辑信道给层 2 的无线链路控制 RLC 子层。

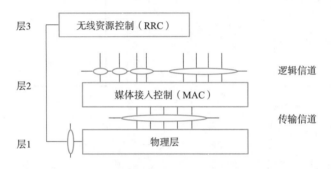

图 5-7-1　物理层周围的 TD-LTE 无线接口协议结构

逻辑信道定义了传输的内容。MAC 子层使用逻辑信道与高层进行通信。逻辑信道通常分为两类：用来传输控制平面信息的控制信道和用来传输用户平面信息的业务信道。而根据传输信息的类型又可划分为多种逻辑信道类型，并根据不同的数据类型，提供不同的传输服务。

（一）TD-LTE 定义的控制信息信道的类型

（1）广播控制信道（BCCH）：该信道属于下行信道，用于传输广播系统控制信息。

（2）寻呼控制信道（PCCH）：该信道属于下行信道，用于传输寻呼信息和改变通知消息的系统信息。当网络侧没有用户终端所在小区信息时，使用该信道寻呼终端。

（3）公共控制信道（CCCH）：该信道包括上行和下行，当终端和网络间没有 RRC 连接时，终端级别控制信息的传输使用该信道。

（4）多播控制信道（MCCH）：该信道为点到多点的下行信道，用于 UE 接收 MBMS 业务。

（5）专用控制信道（DCCH）：该信道为点到点的双向信道，用于传输终端侧和网络侧存在RRC 连接时的专用控制信息。

（二）TD-LTE 定义的业务信道的类型

（1）专用业务信道（DTCH）：该信道可以为单向的也可以是双向的，针对单个用户提供点到点的业务传输。

（2）多播业务信道（MTCH）：该信道为点到多点的下行信道。用户只会使用该信道来接收MBMS 业务。

二、掌握传输信道的定义和类型

物理层主要负责为 MAC 层和高层提供信息传输的服务，传输信道则主要负责通过什么样的特征数据和方式来实现物理层的数据传输服务。

（一）LTE 系统中的下行传输信道的类型

（1）广播信道（BCH）：固定的预定义传输格式，在整个小区的覆盖区域内广播。

（2）下行共享信道（DL-SCH）：可在整个小区覆盖区域发送；支持 HARQ；能够通过各种调制方式、编码方式及发送功率来实现链路自适应；支持波束成形；支持动态或半动态资源分配；支持 UE 的非连续接收（DRX）以达到节电的目的；支持 MBMS 业务的传输。

（3）寻呼信道（PCH）。在整个小区覆盖区域内发送；可映射到用于业务或其他动态控制信道使用的物理资源上；支持 UE 的非连续接收（DRX）以达到节电目的；支持 MBMS 业务的传输。

（4）多播信道（MCH）：在整个小区覆盖区域发送；对于单频点网络（MBSFN）支持多小区的 MBMS 传输合并；使用半静态资源分配。

（二）LTE 系统中的上行传输信道的类型

（1）上行共享信道（UL-SCH）：支持通过调整发射功率、调制编码格式来实现动态链路自适应；支持波束成形；支持 HARQ；支持动态或半动态资源分配。

（2）随机接入信道（RACH）：可承载有限的控制信息；支持冲突碰撞解决机制。

三、掌握物理信道的定义和类型

（一）LTE 系统的下行物理信道

（1）物理下行共享信道（PDSCH）：承载 DL-SCH 和 PCH 信息。

（2）物理广播信道（PBCH）：已编码的 BCH 传输块在 40 ms 的间隔内映射到 4 个子帧；40 ms 定时通过盲检测得到，即没有明确的信令指示 40 ms 的定时；在信道条件足够好时，PBCH 所在的每个子帧都可以独立解码。

（3）物理多播信道（PMCH）：承载 MCH 信息。

（4）物理下行控制信道（PDCCH）：将 PCH 和 DL-SCH 的资源分配以及与 DL-SCH 相关的 HARQ 信息通知给 UE；承载上行调度赋予信息。

（5）物理控制格式指示信道（PCFICH）：将 PDCCH 占用的 OFDM 符号数目通知给 UE；在每个子帧中都有发射。

（6）物理 HARQ 指示信道（PHICH）：承载上行传输对应的 HARQ ACK/NACK 信息。

（二）LTE 系统的上行物理信道

（1）物理上行共享信道（PUSCH）：承载 UL-SCH 信息。

（2）物理上行控制信道（PUCCH）：承载下行传输对应的 HARQ ACK/NACK 信息；承载调度请求信息；承载 CQI 报告信息。

（3）物理随机接入信道（PRACH）：承载随机接入前导。

（三）下行物理信道处理流程

下行物理信道基本处理流程如图 5-7-2 所示。

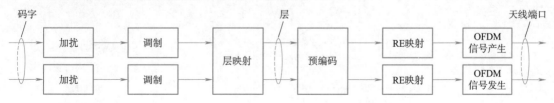

图 5-7-2　下行物理信道基本处理流程

（1）加扰：对将要在物理信道上传输的每个码字中的编码比特进行加扰。

（2）调制：对加扰后的比特进行调制，产生复值调制符号。

（3）层映射：将复值调制符号映射到一个或者多个传输层。

（4）预编码：对将要在各个天线端口上发送的每个传输层上的复值调制符号进行预编码。

（5）RE 映射：把每个天线端口的复值调制符号映射到资源元素上。

（6）OFDM 信号产生：为每个天线端口生成复值的时域 OFDM 信号。

（四）上行物理信道处理流程

上行物理信道处理流程如图 5-7-3 所示。

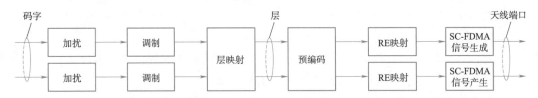

图 5-7-3　上行物理信道处理流程

（1）加扰：对将要在物理信道上传输的每个码字中的编码比特进行加扰。

（2）调制：对加扰后的比特进行调制，产生复值调制符号。

（3）层映射：将复值调制符号映射到一个或者多个传输层。

（4）预编码：对将要在各个天线端口上发送的每个传输层上的复值调制符号进行预编码。

（5）RE 映射：把每个天线端口的复值调制符号映射到资源元素上。

（6）SC-FDMA 信号产生：为每个天线端口生成复值域的 SC-FDMA 信号。

四、掌握信道间映射关系

LTE 系统中各个信道的映射关系如图 5-7-4 所示。

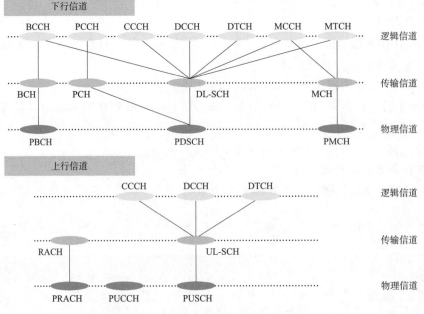

图 5-7-4　LTE 系统中各个信道的映射关系

与 UMTS 系统相比,LTE 系统中的逻辑信道与传输信道类型都大大减少,映射关系也变得更加简单。逻辑信道与传输信道的映射关系如图 5-7-5 所示。对于上行逻辑信道,CCCH、DCCH、DTCH 均映射到 UL-SCH 上;对于下行逻辑信道,PCCH 映射至 PCH,BCCH 映射至 BCH 或 DL-SCH,CCCH、DCCH 和 DTCH 均映射至 DL-SCH、MCCH 多播控制信道、MTCH 多播业务信道。

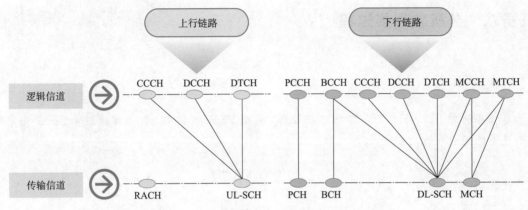

图 5-7-5　逻辑信道与传输信道的映射关系

五、掌握物理信号的定义和类型

物理信号对应物理层若干 RE,但是不承载任何来自高层的信息。下行物理信号包括参考信号和同步信号。

（一）参考信号

参考信号包括下面 3 种:

（1）小区特定（Cell-Specific）的参考信号,与非 MBSFN 传输关联。

（2）MBSFN 参考信号,与 MBSFN 传输关联。

（3）UE 特定（UE-Specific）的参考信号。

（二）同步信号

同步信号包括下面 2 种:

（1）主同步信号。

（2）辅同步信号。

对于 FDD（频分双工方式）,主同步信号映射到时隙 0 和时隙 10 的最后一个 OFDM 符号上,辅同步信号则映射到时隙 0 和时隙 10 的倒数第二个 OFDM 符号上。

（三）上行物理信号

上行物理信号包括以下 2 种参考信号:

（1）解调用参考信号:与 PUSCH 或 PUCCH 传输有关。

（2）探测用参考信号:与 PUSCH 或 PUCCH 传输无关。

解调用参考信号和探测用参考信号使用相同的基序列集合。

任务小结

通过本任务的学习,可掌握逻辑信道的分类、传输信道的分类、物理信道的分类和功能、物理信道的处理流程,以及 3 种信道之间的映射关系,需要注意物理信号的定义和分类。

任务八 分析物理层过程

任务描述

本任务将学习上/下行的基本物理层过程,掌握 UE 开机流程、小区搜索过程、基于竞争的和非竞争的随机接入过程。

任务目标

- 掌握:UE 开机流程。
- 掌握:小区搜索过程。
- 掌握:随机接入过程。

任务实施

一、掌握下行物理层过程

（一）小区搜索与同步

小区搜索过程是指 UE 获得与所在 eNode B 的下行同步(包括时间同步和频率同步),检测到该小区物理层小区 ID。UE 基于上述信息,接收并读取该小区的广播信息,从而获取小区的系统信息以决定后续的 LTE 操作,如小区选择、驻留、发起随机接入等操作。

当 UE 完成与基站的下行同步后,需要不断检测服务小区的下行链路质量,确保 UE 能够正确接收下行广播和控制信息。同时,为了保证基站能够正确接收 UE 发送的数据,UE 必须取得并保持与基站的上行同步。

在 LTE 系统中,小区同步主要是通过下行信道中传输的同步信号来实现的。下行同步信号分为主同步信号(Primary Synchronous Signal, PSS) 和辅同步信号(Secondary Synchronous Signal, SSS)。TDD-LTE 中,支持 504 个小区 ID,并将所有的小区 ID 划分为 168 个小区组,每个小区组内有 504/168 = 3 个小区 ID。小区搜索的第一步是检测出 PSS,在根据二者间的位置偏移检测 SSS,进而利用上述关系式计算出小区 ID。采用 PSS 和 SSS 两种同步信号能够加快小区搜索的速度。

1. PSS 序列

PS5 采用长度为 63 的频域 ZC 序列,中间被打孔打掉的元素是为了避免直流载波,PSS 序列到子载波的映射关系如图 5-8-1 所示。

在 LTE 中,针对不同的系统带宽,同步信号均占据中央的 1.25 MHz(6 个 PRB)的位置。长度为 63 的 ZC 序列截去中间一个处于直流子载波上的符号后得到长度为 62 的序列,在频域上映射到带宽中心的 62 个子载波上。PSS 两侧分别预留 5 个保护子载波提供干扰保护。

2. SSS 序列

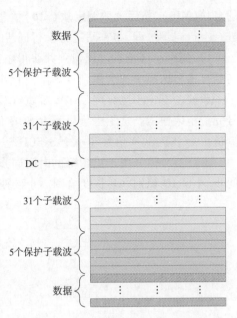

图 5-8-1 PSS 序列到子载波的映射关系

m 序列由于具有适中的解码复杂度,且在频率选择性衰落信道中性能占优,最终被选定为辅同步码(Secondary Synchronous Code,SSC)序列设计的基础。SSC 序列由两个长度为 31 的 m 序列交叉映射得到。具体来说,首先由一个长度为 31 的 m 序列循环移位后得到一组 m 序列,从中选取 2 个 m 序列(称为 SSC 短妈),将这两个 SSC 短码交错映射在整个 SSCH 上,得到一个长度为 62 的 SSC 序列。为了确定 10 ms 定时获得无线帧同步,在一个无线帧内,前半帧两个 SSC 短码交叉映射方式与后半帧的交叉映射方式相反。同时,为了确保 SSS 检测的准确性,对两个 SSC 短码进行二次加扰。

PSS 主要完成 5 ms 半帧同步,SSS 主要完成 10 ms 无线帧同步。而且由于 TDD(时分双工)和 FDD(频分双工)的同步信号所在位置的不同,通常还用这两个信号来区分系统是 TDD 和 FDD。在 FDD 中 PSS 位于子帧 0 和子帧 5 的第一个时隙的最后一个 OFDM 符号上,SSS 与其紧邻,位于倒数第二个 OFDM 符号上。在 TDD 中,PSS 位于特殊子帧 1 和 6 的 DwPTS 中的第三个 OFDM 符号上,SSS 位于子帧 0 和子帧 5 的第 2 个时隙的最后一个 OFDM 符号上。PSS 和 SSS 在 FDD 无线帧中的位置如图 5-8-2 所示,PSS 和 SSS 在 TDD 无线帧中的位置如图 5-8-3 所示。

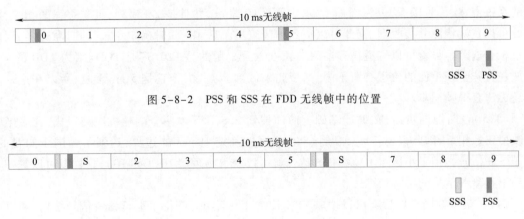

图 5-8-2 PSS 和 SSS 在 FDD 无线帧中的位置

图 5-8-3 PSS 和 SSS 在 TDD 无线帧中的位置

(二)UE 开机流程

手机开机后,首先进行小区搜索,选择适合小区驻留,然后进行下行同步,读取广播消息主信息块(MIB),然后读取调度块(SIB)信息,读取到广播消息后手机需要到核心网注册,所以先进行上行同步过程,与基站进行上行同步,然后发起随机接入流程。

UE 使用小区搜索过程识别并获得小区下行同步,从而可以读取小区广播信息。此过程在初始接入和切换中都会用到。为了简化小区搜索过程,同步信道总是占用可用频谱的中间 63 个子载波。不论小区分配了多少带宽,UE 只需处理这 63 个子载波。UE 通过获取 3 个物理信号完成小区搜索。这 3 个信号是 P-SCH 信号、S-SCH 信号和下行参考信号(导频)。一个同步信道由一个 P-SCH 信号和一个 S-SCH 信号组成。同步信道每个帧发送两次。

下行参考信号用于更精确的时间同步和频率同步。完成小区搜索后 UE 可获得时间/频率同步、小区 ID 识别、CP 长度检测。小区搜索过程如图 5-8-4 所示。

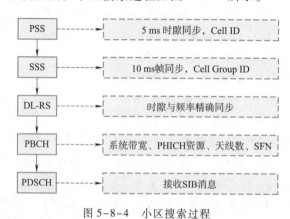

图 5-8-4 小区搜索过程

(1)UE 开机,在可能存在 LTE 小区的几个中心频点上接收信号(PSS),以接收信号强度来判断这个频点周围是否可能存在小区,如果 UE 保存了上次关机时的频点和运营商信息,则开机后会先在上次驻留的小区上尝试;如果没有,就要在划分给 LTE 系统的频带范围做全频段扫描,发现信号较强的频点去尝试。

(2)在这个中心频点周围收 PSS(主同步信号),它占用了中心频带的 6RB,因此可以兼容所有的系统带宽,信号以 5 ms 为周期重复,在子帧#0 发送,并且是 ZC 序列,具有很强的相关性,因此可以直接检测并接收到,据此可以得到小区组里小区 ID,同时确定 5 ms 的时隙边界,同时通过检查这个信号就可以知道循环前缀的长度以及采用的是 FDD 还是 TDD(因为 TDD 的 PSS 是放在特殊子帧里面的位置有所不同,基于此来做判断)。由于它是 5 ms 重复,所以在这一步它还无法获得帧同步。

(3)5 ms 时隙同步后,在 PSS 基础上向前搜索 SSS,SSS 由两个端随机序列组成,前后半帧的映射正好相反,因此只要接收到两个 SSS 就可以确定 10 ms 的边界,达到了帧同步的目的。由于 SSS 信号携带了小区组 ID,跟 PSS 结合就可以获得物理层 ID(Cell ID),这样就可以进一步得到下行参考信号的结构信息。

(4)在获得帧同步以后就可以读取 PBCH,通过上面两步获得了下行参考信号结构,通过解调参考信号可以进一步地精确时隙与频率同步,同时可以为解调 PBCH 做信道估计。PBCH 在子帧#0 的 slot #1 上发送,就是紧靠 PSS,通过解调 PBCH,可以得到系统帧号和带宽信息,以及 PHICH 的配置以及天线配置。系统帧号以及天线数设计相对比较巧妙,SFN 位长为 10 bit,也就是取值从 0～1 023 循环。在 PBCH 的 MIB 广播中只广播前 8 位,剩下的两位根据该帧在

PBCH 40 ms 周期窗口的位置确定,第一个 10 ms 帧为 00,第二帧为 01,第三帧为 10,第四帧为 11。PBCH 的 40 ms 窗口手机可以通过盲检确定。而天线数隐含在 PBCH 的 CRC 里面,在计算好 PBCH 的 CRC 后与天线数对应的 MASK 进行异或。

至此,UE 实现了和 eNB 的定时同步。要完成小区搜索,仅仅接收 PBCH 是不够的,因为 PBCH 只是携带了非常有限的系统信息,更多更详细的系统信息是由 SIB 携带的,因此此后还需要接收 SIB,即 UE 接收承载在 PDSCH 上的 BCCH 信息。为此必须进行如下操作:接收 PCFICH,此时该信道的时频资源可以根据物理小区 ID 推算出来,通过接收解码得到 PDCCH 的符号数目。在 PDCCH 信道域的公共搜索空间里查找发送到 SI-RNTI 的候选 PDCCH,如果找到一个并通过了相关的 CRC 校验,那就意味着有相应的 SIB 消息,于是接收 PDSCH,译码后将 SIB 上报给高层协议栈。不断接收 SIB,上层(RRC)会判断接收的系统消息是否足够,如果足够则停止接收 SIB 至此,小区搜索过程才结束。

(三)上下行功率控制

(1)下行功率控制。由于 LTE 下行采用 OFDMA 技术,一个小区内发送给不同 UE 的下行信号之间是相互正交的,因此不存在 CDMA 系统因远近效应而进行功率控制的必要性。就小区内不同 UE 的路径损耗和阴影衰落而言,LTE 系统完全可以通过频域上的灵活调度方式来避免给 UE 分配路径损耗和阴影衰落较大的 RB,这样,对 FDSCH 采用下行功控就不是那么必要了。另一方而,采用下行功控会扰乱下行 CQI 测量,影响下行调度的准确性。因此,LTE 系统中不对下行采用灵活的功率控制,而只是采用静态或半静态的功率分配(为避免小区间干扰采用干扰协调时静态功控是必要的)。

(2)上行功率控制。无线系统中的上行功控是非常重要的,通过上行功控,可以使得小区中的 UE 在保证上行发射数据质量的基础上尽可能地降低对其他用户的干扰,延长终端电池的使用时间。

在 CDMA 系统中,上行功率控制主要的目的是克服"远近效应"和"阴影效应",在保证服务质量的同时抑制用户之间的干扰。而 LTE 系统,上行采用 SC-FDMA 技术,小区内的用户通过频分实现正交,因此小区内干扰影响较小,不存在明显的"远近效应"。但小区间干扰是影响 LTE 系统性能的重要因素。尤其是频率复用因子为 1 时,系统内所有小区都使用相同的频率资源为用户服务,一个小区的资源分配会影响到其他小区的系统容量和边缘用户性能。对于 LTE 系统分布式的网络架构,各个 eNode B 的调度器独立调度,无法进行集中的资源管理。因此,LTE 系统需要进行小区间的干扰协调,而上行功率控制是实现小区间干扰协调的一个重要手段。

按照实现的功能不同,上行功率控制可以分为小区内功率控制(补偿路损和阴影衰落)以及小区间功率控制(基于相邻小区的负载信息调整 UE 的发送功率)。其中,小区内功率控制目的是为了达到上行传输的目标 SINR,而小区间功率控制的目的是为了降低小区间干扰水平以及干扰的抖动性。

二、掌握上行物理层过程

(一)随机接入过程

随机接入过程分为基于竞争和基于非竞争的随机接入过程。随机接入的目的是:请求初始接入;从空闲状态向连接状态转换;支持 eNode B 之间的切换过程;取得/恢复上行同步;向 eNode B 请求 UE ID;向 eNode B 发出上行发送的资源请求。

在下面 5 种情况下,会发起随机接入过程:在 RRC_IDLE 状态时,发起初始接入;在 RRC_

CONNECTED 状态时,发起的连接重建立处理;小区切换过程中的随机接入;在 RRC_CONNECTED 状态时,下行数据到达发起的随机接入,如上行失步;在 RRC_CONNECTED 状态时,上行数据到达发起的随机接入,如上行失步或无 SR 使用的 PUCCH 资源(SR 达到最大传输次数)。

对于以上 5 种场景,第三种和第四种可以使用基于非竞争的随机接入流程,其他均采用基于竞争的随机接入。随机接入需要 UE 在 PRACH 信道上发送 Preamble 码到基站。一个小区里面有 64 个前导码,分为两种:专用的和非专用的,如果是非专用的,UE 可以随机选取一个,就有可能产生两个 UE 选择上了相同的前导码,从而形成竞争的随机接入,非竞争的随机接入是网络为 UE 分配一个前导码,由于是基站分配的,所以前导码相当于专用的,即基于非竞争的随机接入。非专用组中的 Preamble 码分为 A、B 两组,两组中的码不重复,具体是选择 A 组还是 B 组中的码同 MSG 3 消息的大小和路径损耗情况有关。

在进行初始化的非同步的物理随机接入过程之前,层 1 从高层接收如下信息:随机接入信道参数(PRACH 配置和频率位置);用于决定小区中根序列及其在前导序列集合中的循环移位值的参数[逻辑根序列表格索引、循环移位、集合类型(受限集合和非受限集合)]。

从物理层来看,物理层随机接入过程包括随机接入前导的发送以及随机接入响应。被高层调度到共享数据信道的剩余消息传输未包括在物理层随机接入过程中。一个随机接入信道占用预留给随机接入前导传输的一个或一系列连续子帧中的 6 个资源块。eNode B 没有禁止向预留给随机接入信道前导传输的资源块中进行数据调度。

物理层随机接入过程包括 5 个步骤:

(1)高层前导发送请求触发物理层过程。高层请求中包括前导序号、目标前导接收功率(PREAMBLE_RECEIVED_TARGET_POWER)、关联的随机接入无线网络标识(RA-RNTI)以及 PRACH 资源。

(2)前导传输功率 PPRACH 由下式决定,PPRACH = min{, PREAMBLE_RECEIVED_TARGET_POWER + PL}_[dBm],其中 PREAMBLE_TARGET_POWER 是配置的 UE 传输功率,PL 是 UE 估值的下行路径损耗。

(3)使用前导序号在前导序列集合中选择前导序列。

(4)使用选中的前导序列,在指定的 PRACH 资源上,使用传输功率 PPRACH 上进行前导传输。

(5)在高层控制的窗口中尝试检测与 RA-RNTI 关联的 PDCCH。如果检测到,那么相应的 DL-SCH 传输块被送往高层。高层解析传输块后发送一个 20 bit 的上行指示给物理层。

(二)基于竞争的随机接入

基于竞争的随机接入如图 5-8-5 所示。

1. MSG 1(随机接入前导发送)

根据 MSG 3 消息块大小和路损情况决定在接入前导码组 A/B 中随机选择一个接入前导码在 PRACH 信道上发送。

根据 eNode B 指示的根 ZC 序列号、循环移位配置、是否采用限制设置(仅 FDD)、前导序列号,进行 ZC 序列的选择和循环移位的计算。

根据 eNode B 在广播消息中指示的 PRACH 期望接收功率、前导格式和前导发送计数,进行 PRACH 开环

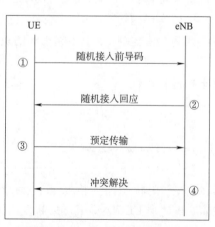

图 5-8-5　基于竞争的随机接入

发射功率计算和功率增加过程。

eNB 根据接收的前导测量值 UE 与基站距离产生定时调整量。

2. MSG 2[随机接入响应(RAR)]

在 PDSCH 上发送,位置由 PDCCH 指示。内容包括被响应的前导标识;定时调整量;临时 C-RNTI;MSG 3 的资源分配。

UE 发完前导后在一个时间窗内等待随机响应,如果在时间窗内没有等到属于此 UE 的响应,认为本次接入失败,则退回第一步进行一次新的前导发送尝试;基于回退值加入一个随机延迟后,再进行一次新的前导发送尝试将前导发送计数加 1,并相应地调整前导发送功率,否则,进入第三步。若前导发送次数未达到最大限定次数,则认为该次随机接入过程失败,并向高层指示该问题。

3. MSG 3 发送

根据 eNode B 指示的相关功控参数、路损估计、PUSCH 发送所占 RB 数等,计算 MSG 3 的开环发射功率。根据随机接入响应授权,按指定的资源和格式在 PUSCH 上进行 MSG 3 发送,MSG 3 采用上行 HARQ。

消息内容包括:

(1)初始接入:RRC Connection Request(无线资源控制连接请求),使用 CCCH;至少传输 NAS UE ID,但是没有 NAS 消息。

(2)RRC 连接重建:RRC Connection Re-establishment Request(无线资源控制连接的重建立请求),使用 CCCH;没有任何 NAS 消息。

(3)切换:RRC Handover Confirm(无线资源控制的切换确认),通过 DCCH;传输 UE 的 C-RNTI。

(4)其他情况至少传输 UE 的 C-RNTI(上行数据到和下行数据到)。

4. MSG 4(竞争解决)

冲突检测,在 PDCCH 上发送 C-RNTI,或在 DL-SCH 上发送 UE 竞争解决 ID 给 UE;支持 HARQ;内容包括 NAS 层 UE ID;分配资源情况等。

UE 检测到自己 NAS 层 ID 的 UE 发送 ACK 将 temporary C-RNTI 升级成 C-RNTI,上行同步过程结束,等待基站调度,发送上行数据。没有检测到自己 NAS 层 ID 的 UE 知道发生了冲突,一段时间后重新发起上行同步过程。

(三)基于非竞争的随机接入

基于非竞争的随机接入如图 5-8-6 所示。

eNB 通过下行专用信令给 UE 指派非冲突的随机接入前缀,这个前缀不在 BCH 上广播的集合中。UE 在

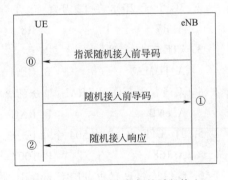

图 5-8-6　基于非竞争的随机接入

RACH 上发送指派的随机接入前缀。eNB 的 MAC 层产生随机接入响应,并在 DL-SCH 上发送,随机接入过程结束。

任务小结

本任务主要学习了 UE 开机流程、基于竞争和非竞争的随机接入过程。

※思考与练习

一、填空题

1. TD-LTE 中,支持_____个小区 ID,并将所有的小区 ID 划分为_____个小区组,每个小区组内有_____个小区 ID。

2. 小区选择/重选对应于_____状态下的 UE,切换对应于_____状态且建立有 DRB 的 UE。

3. TDD-LTE 特殊子帧包括 3 个特殊时隙:_____、_____和_____,总长度为 1 ms。

4. 一个 RB 由若干个 RE 组成,在频域上包含_____个连续的子载波,在时域上包含_____个连续的 OFDM 符号。

5. 空中接口用户平面协议栈与 UMTS 系统相似,主要包括_____层、_____层、_____层以及_____层 4 个层次。

6. E-UTRA 可以在不同大小的频谱中部署,包括_____、_____、_____、10 MHz、_____以及 20 MHz。

7. OFDM 全称_____,是一种能够充分利用频谱资源的多载波传输方式。

8. EPC 核心网网络架构秉承了控制与承载分离的理念,_____负责移动性管理、信令控制等控制面功能,_____负责媒体流处理及转发等用户面功能。

二、选择题

1. LTE 下行链路的瞬时峰值数据速率在 20 MHz 下行链路频谱分配的条件下,可以达到( )。
    A. 50 Mbit/s   B. 150 Mbit/s   C. 100 Mbit/s   D. 200 Mbit/s

2. 3GPP 于 2008 年 12 月发布 LTE 第一版,( )版本为 LTE 标准的基础版本。
    A. R7   B. R8   C. R9   D. R10

3. LTE 下行采用( )多址方式。
    A. TDMA   B. CDMA   C. OFDMA   D. SC-FDMA

4. 无线接入网 E-UTRAN 部分包含( )网元。
    A. eNB   B. RNC   C. MME   D. SGW

5. TD-LTE 中,支持 504 个小区 ID,并将所有的小区 ID 划分为( )个小区组。
    A. 168   B. 100   C. 150   D. 158

6. 线缆连接过程中,eBBU 和 eRRU 之间通过( )连接,eRRU 与天线之间通过( )连接。
    A. 光纤、馈线   B. 光纤、网线   C. 网线、馈线   D. 光纤、光纤

7. ( )信道属于下行信道,用于传输寻呼信息和改变通知消息的系统信息。
    A. BCCH   B. PCCH   C. CCCH   D. MCCH

8. LTE 在进行数据传输时,将上下行时频域物理资源组成(　　　),作为物理资源单位进行调度与分配。

    A. RB　　　　　　　　B. RE　　　　　　　　C. REG　　　　　　　　D. RBG

三、判断题

1. LTE 系统中所有切换均是硬切换,即需要与原小区断开连接,再与目标小区建立新的连接。　　　　　　　　　　　　　　　　　　　　　　　　　　　　　　　　　　(　　　)

2. 物理信道主要负责通过什么样的特征数据和方式来实现物理层的数据传输服务。
　　　　　　　　　　　　　　　　　　　　　　　　　　　　　　　　　　(　　　)

3. X2 接口定义为各个 eNB 之间的接口。X2 接口包含 X2-CP 和 X2-U 两部分。(　　　)

4. 一个 RB 由若干个 RE 组成,在频域上包含 20 个连续的子载波,在时域上包含 7 个连续的 OFDM 符号。　　　　　　　　　　　　　　　　　　　　　　　　　　　(　　　)

5. 用户面数据:主要指 RRC 消息,实现对 UE 的接入、切换、广播、寻呼等有效控制。
　　　　　　　　　　　　　　　　　　　　　　　　　　　　　　　　　　(　　　)

6. MIMO 模式 4 是开环空间复用,适用于高速移动模式。　　　　　　　　(　　　)

7. LTE 从驻留状态到激活状态,控制面的传输延迟时间小于 50 ms。从睡眠状态到激活状态,控制面传输延迟时间小于 100 ms。　　　　　　　　　　　　　　　　(　　　)

8. 频谱效率高,峰均比低,是 OFDM 的优点。　　　　　　　　　　　　　(　　　)

四、简答题

1. 简单描述 TDD 的优缺点。

2. 简述第四代移动通信系统的特征。

3. LTE-Advanced 主要使用了哪些新技术?

4. 画出 TDD 帧结构图。

5. 画出下行传输信道与物理信道的映射关系。

6. 简单描述小区搜索过程。

7. LTE 网络架构有哪些特点?

8. 描述 LTE 中的 7 种模式的特点。

项目六

讨论5G移动通信技术

任务一　了解5G技术需求

🖥 任务描述

本任务将学习5G需求与技术特点,了解5G频谱划分,了解5G在当下的应用案例,并简单学习5G的一些关键性技术。

📖 任务目标

- 识记:5G需求与技术特点。
- 掌握:5G的一些关键性技术。

📝 任务实施

一、了解经济需求

业界对5G可能带来的经济效益普遍比较看好。在5G对于全球经济的影响力方面,高通联合知名产业调研公司——IHS Markit 在 2018 年初发布的《5G 经济:5G 技术将如何影响全球》中提到:到 2035 年,5G 将在全球创造 12.3 万亿美元的经济产出,全球 5G 价值链本身将创造 3.5 万亿美元的经济产出。

在5G对于中国经济的影响方面,获得较高认可的预测是,中国信息通信研究院在"2017 年 IMT-2020(5G)峰会"上发布的《5G 经济社会影响白皮书》,其中提到:到 2030 年,在直接贡献方面,5G 将带动的总产出、经济增加值、就业机会分别为 6.3 万亿元、2.9 万亿元和 800 万个;在间接贡献方面,5G 将带动的总产出、经济增加值、就业机会分别为 10.6 万亿元、3.6 万亿元和 1 150 万个。图 6-1-1 所示为 5G 经济效益图,目前为止,每一代通信技术在经济方面都会产生 3 倍于前一代的影响。

二、了解用户需求

在《5G经济：5G技术将如何影响全球》中，高通和IHS将5G看作是"下一个改变世界的技术""像电或汽车一样，5G移动技术将使整个经济和社会受益"，支持的行业"从零售到教育，从交通运输到娱乐以及其他所有行业"。

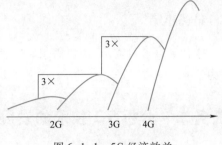

图6-1-1　5G经济效益

其中，高通和IHS特意提到，到2035年，5G将为全球制造业带来大约3.4万亿美元的经济产出，还将为汽车行业以及供应链创造超过2.4万亿美元的经济产出。也就是说，在高通和IHS的预测中，制造业、汽车业将在5G总共12.3万亿美元的全球经济产出中分别占到27.6%、19.5%，是排名前两位的具有5G商业前景的行业。

在《5G经济社会影响白皮书》中，中国信息通信研究院认为，5G将全面构筑经济社会数字化转型的关键基础设施，从线上到线下、从消费到生产、从平台到生态，推动中国数字经济发展迈向新台阶。在列举"5G典型应用场景"的时候，中国信息通信研究院列举了3D视频和超高清视频、云办公和游戏、增强现实、移动医疗、自动驾驶、工业自动化、智慧城市、智能家居等。

华为在《5G时代十大应用场景白皮书》列举了包括云VR/AR、车联网、智能制造、智慧能源、无线医疗、无线家庭娱乐、联网无人机等在内的24项5G应用。

三、了解物理层需求

无限增长的容量需求逼近网络物理极限。目前网络架构下的容量已接近极限，网络架构需要根本性的转变，才能提供所需的接入能力，如图6-1-2所示。

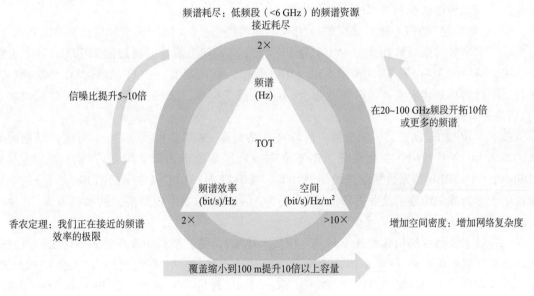

图6-1-2　5G容量增长

任务小结

本任务从经济需求、用户需求和物理层需求 3 个方面说明了 5G 移动通信技术的巨大发展潜力。

任务二　分析 5G 技术的发展

任务描述

本任务通过对 5G 技术的发展背景和发展过程介绍 5G 巨大的商业应用前景和技术优势，通过 5G 应用场景的介绍来了解 5G 技术为社会生活和生产带来的重大影响。

任务目标

- 识记：5G 技术的主要特点。
- 掌握：5G 典型应用场景。

任务实施

一、对市场进行展望

在经历了 2G 时代的一无所有、3G 时代登上舞台、4G 时代基本并跑，中国在 5G 时代已经有了与其他国家和地区谈判合作的实力。

作为"物联网"的核心技术，5G 的应用有不同的场景。5G 国际标准制定组织 3GPP 给 5G 定义了三大场景增强型移动宽带 eMBB、物联网 mMTC 和超可靠低时延通信 uRLLC。这三大场景意味着网络的 3 个"形态"。简单地说，eMBB 是给人联网用的，uRLLC 和 mMTC 是给物联网用的。不同的场景代表着不同的技术要求、不同的技术标准。这些技术标准，并不是同时确定的，而是分阶段逐步确定。

按照 3GPP 的时间表，5G 标准第一阶段重点是确定 eMBB。也就是说，先满足人联网的要求。2016 年 10 月，3GPP 在葡萄牙里斯本率先确定了高通等多家美国运营商及企业推荐的 LDPC 码为 5GeMBB 场景数据信道的编码方案。当年 11 月，3GPP 又在美国的 Reno 召开的会议上选中了华为等中国通信企业力荐的 Polar 码为 5GeMBB 场景中控制信道的编码方案，可说与美国平分秋色。

一直以来全球性通信标准就不只是一项技术标准，而是关系到产业发展的争夺制高点。从移动通信发展的历史看，尽管中国是全球最大的移动市场，但从 2G 时代的 GSM 和 CDMA；3G 时代的 WCDMA、CDMA2000、TD-SCDMA 和 Wimax；4G 时代 LTE 标准下的 FDD 和 TDD，高通、诺基亚、爱立信、三星和 LG 在过去一直主导移动通信技术的标准。这次中国在信道编码领域首次突破，体现了中国的实力，也为中国在 5G 标准中争取较以往更多的话语权奠定了基础。

2018 年 5 月 21 日至 25 日,3GPP 工作组在韩国釜山召开了 5G 第一阶段标准制定的最后一场会议。据悉,本次会议确定 3GPP R15 标准的全部内容,6 月在美国召开的全体会议上,3GPP 宣布 5G 第一阶段的确定标准。

在这次 3GPP 釜山会议上,所有开发 5G 无线技术的工作组都在这里汇总,最终确定 5G RAN 商业化的相关标准技术。简单来说,此次釜山会议结束后,5G 第一阶段中独立组网标准已出炉在即。会议由韩国三星电子负责主持,大约有 1 500 多名芯片、终端、系统设备方面的通信领域专家到场参加,全球各大通信企业悉数到齐。包括华为、OPPO、vivo 等多家中国企业在内的通信设备及手机厂商,也参会商讨并提交了提案。

统一的 5G 标准一经认可、颁布后,全球各厂商都要按照该标准来进行设备生产、组网、终端接入。但标准下的专利权却掌握在少数厂商手中,因此其他公司都需要向拥有核心专利的厂商获取专利许可。高通高调公布的 5G 专利收费计划中,对每台使用其专利的手机收费 2.275% 到 5%。也就是说,一部 1 000 元售价的手机所交专利费在 22.75 ~ 50 元之间。2017 年,我国手机产量有 19 亿部,按这个标准计算,高通会收取几百亿的专利费。

中国在 5G 研发上的地位也在发生变化。截至 2017 年初,在 1 450 项 5G 网络重要专利中,有 10% 为中国人所有。截至 2019 年 11 月,中国厂商的 5G 标准必要专利(SEP)占 36%,领先美国、韩国、芬兰等。2019 年被称为 5G 商用元年。

美国运营商从 2017 年就开始积极进行 5G 试验探索,截至目前,该国 AT&T、Verizon、Sprint 和 T-Mobile 四大电信运营商均已有明确的 5G 部署第一阶段计划,Verizon 的商用时间预定得最早,是从 2018 年下半年。而欧盟依托 5GPPP 项目,2017 年开始样机试验,2018 年启动 5G 预商用试验,商用时间是 2020 年或更晚。日本计划东京奥运会商用 5G,提供热点覆盖。早在 2014 年初,韩国就敲定了以 5G 发展总体规划为主要内容的"未来移动通信产业发展战略",决定在 2020 年全面推出 5G 商用服务,并将为此投资 1.6 万亿韩元(约合 90.3 亿元人民币)。英国也于 2017 年发布了"下一代移动技术:英国 5G 战略",将为 5G 实验投入 2 500 万英镑,以探索 5G 商业模式、服务和应用的潜力。

中国积极推进第五代移动通信(5G)和超宽带关键技术研究,启动 5G 商用,并列入"十三五"规划。国内三大运营商也已经公布了 5G 套餐,"物联网(IoT)"和自动驾驶基础设施的 5G 在全球最大的中国市场快速普及。中国移动完成 5G 的基础技术开发后从 2017 年开始在室外实施验证实验,2018 年在部分地区推进商用化,2019 年开始将把中国的 100 多万处 4G 基站更新为 5G,并于 2020 年开始在全国开展服务。中国作为世界最大的手机大国,虽然在固定电话和通信基础设施建设方面起步较晚,但以智能手机为核心的电子支付等金融服务和配车服务等已经普及。在手机相关服务方面已经走在世界最前端。5G 产品越早越广地被投入到试点城市试验,越能够有效地验证运营商制定的 5G 网络技术参数是否可行,越能够提早制造和部署符合 5G 国际统一标准的设备进而在全球推广。

二、分析 5G 市场应用案例

随着各地 5G 试验基站的建成,标志着中国已正式开启了 5G 时代,5G 将带来哪些改变?将怎样改变人们的生活?目前 5G 的许多应用还处在理论阶段,但部分应用已经落地。

5G 作为第五代移动通信技术,具有毫秒级时延、Gb 级的下载速率等优点。5G 的主要应用有自动驾驶、智能网络、超清视频传输、远程医疗、虚拟现实、远程教育、智慧城市等。

（一）大幅改善宽带连接

2018年底，分析咨询公司Ovum发布了一份报告，称5G网络可提供80～100 Mbit/s的平均家庭网络传输速率，相比4G有显著改善。据统计，英国有多达86万家企业的4G网络速度低于10 Mbit/s。

该公司还预测，在英国2 600万固定线路ISP客户中，85%的人将转而使用5G无线连接，网络资费每年可以节省240英镑。

无线家庭宽带意味着更低的接入成本和更高速的家庭、企业网络，这可以降低安装程序带来的损耗。5G无线宽带作为光纤到户解决方案的完美替代品，对国民经济发展至关重要。

（二）远程设备即时控制

5G技术的另一个使用场景，是利用其超低延时控制远程设备和重型机械，甚至完成内科手术级别的精密操作。

在医疗保健行业，5G技术有助于提高医疗手术的准确性和效率，同时也能实现尖端医疗资源的远程调配。2019年3月16日，中国曾完成一例基于5G的远程人体手术，跨越近3 000 km，由来自北京的解放军总医院的医生，为远在海南的病人完成帕金森病"脑起搏器"植入手术。与此同时，技术人员在安全距离外操作重型机械成为可能，消除了许多因为人为操作带来的安全隐患。该技术对制造业和采矿业有深远影响。在这些行业中，操作事故屡见不鲜，而且往往是致命的。

瑞典5G项目经理托比约恩·伦达尔表示："5G技术能够提高工业安全。更多的联网机械和设备意味着更少的工人将被派往一线工作。地上地下作业的无缝结合将有助于提高生产效率和安全性，实时化的远程控制和远程监测将称为常态。"

（三）物联网全面改造升级

随着5G的到来，智慧城市的各类预期正成为现实，例如，超高速互联网连接和智慧交通系统这类原本只能在小范围测试的项目，可以将规模扩大到整个城市。5G驱动的智能传感器将在道路空无一人时调暗路灯，实时提供公共交通的时间表，帮助驾驶人快速找到可用停车位，并全天候监控建筑物的结构完整性。智慧农业也正成为可能，通过在农场间安装5G传感器，当农作物需要浇水和施肥时，配套设施将接收信号并自动操作，降低劳动力投入的同时进行提高农作物的种植效果。

智慧家居则是另一受5G技术影响巨大的领域。得益于新技术带来的信息传输效率，高速率、低时延以及高承载力的5G网络让万物互联的智能家居生活逐渐成为现实。自2014年开始投身该领域的全球化智能平台TUYA，基于5G的一键自组网技术，甚至可以在一间居室内实现超过120款智能产品的联动。

（四）强化AR、VR使用效果

正如2007年第一代iPhone横空出世，并在4G的推广中发挥了关键作用一样，鉴于AR（增强现实技术）和VR（虚拟现实技术）设备能够像智能手机一样便于使用，它们很可能成为影响5G推广的关键。图6-2-1所示为AR/VR应用场景示意图。

此外，科技巨头高通在2018年末发布的一份报告强调，这两项技术都需要更稳定的连接、

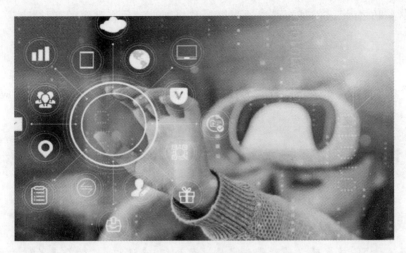

图 6-2-1　AR/VR 应用场景示意图

更大的承载量和更低的延迟，而这些正是 5G 可以提供的。除了提高 AR 和 VR 设备的用户体验外，5G 还将使他们能够将计算都放在云端，摆脱本地运行的庞大计算负担，从而使运行更加顺畅。

（五）自动驾驶

5G 自动驾驶应用是一场国际竞赛，中美欧日等世界各汽车强国都做了相关的积极探索。

欧盟在 2018 年布鲁塞尔年度数字日期间，宣布将为车联网和自动驾驶创建一个泛欧 5G 走廊网络，计划将为 0~3 级的自动驾驶测试开放数百公里的高速公路，法国、德国、西班牙、葡萄牙、保加利亚、希腊、塞尔维亚、意大利、芬兰、挪威等都是计划的参与国。而英国早在 2017 年 10 月就通过竞标决出，作为英国 AutoAir 项目的重要内容，计划将米尔布鲁克试验场打造成全球领先的全独立式 5G 试验场，为互联及自动驾驶汽车提供研发支持。

美国联邦通信委员会（FCC）在 2019 年 11 月 14 日启动了高频段 5G 频谱拍卖计划，目的就是让更快的宽带应用到"自动驾驶汽车、智能农业、远程医疗"。

日本则计划到 2023 年要把 5G 的商业利用范围扩大至全国，为配合 2020 年东京奥运会和残奥会的举办，将率先启动东京都中心等部分地区的 5G 商业化利用，并加快自动驾驶汽车和物联网在日本的普及。

5G 对自动驾驶而言，最大的意义在于通过超强的数据传输特性，将汽车传感器的数据与云端联通，为汽车决策提供更多的智能决策支持。总的来看，5G 在自动驾驶领域的应用包括支持车辆动态组成编组行驶、半自动/全自动驾驶下的信息共享，支持远程驾驶车辆、车辆间交换传感器获得的数据、交换实时视频录像等。

5G 的优势包括低延迟、高速移动、高数据传输速率、高容量等，据了解 2020 年，无人驾驶汽车每秒将消耗至少 0.75 GB 的数据流量。庞大的数据量需要超高速率、超低时延的传输，当前的通信系统不能满足处理其中所需的超高带宽和高可靠性要求，这恰恰是 5G 大显身手的地方。

5G 自动驾驶要实现车跟车、车跟环境之间即时信息交换，技术上需要 C-V2X 的支持，它是基于蜂窝网络的车联网技术，车辆就是可以通过通信信道感知到彼此的状态，可以检测隐藏的威胁。车与车互联之后,人们甚至可以通过算法和规则来实现有秩序的行驶状态。

任务小结

本任务介绍了5G技术发展的背景、各国在5G技术上的成果,通过5G技术应用案例说明未来移动通信技术的发展方向。

任务三　讨论5G关键技术

任务描述

本任务将通过5G技术的发展背景和发展过程介绍,来认识5G的众多关键技术。

任务目标

掌握5G的关键技术。

任务实施

一、了解高频段频谱

3GPP已指定5G NR支持的频段列表,5G NR频谱范围可达100 GHz,指定了两大频率范围,如表6-3-1所示。

表6-3-1　高频段频谱

频率范围名称	相应的频率范围
FR1	450 MHz ~ 6.0 GHz
FR2	24.25 ~ 52.6 GHz

(1)Frequency Range 1(FR1):通常讲的6 GHz以下频段,频率范围450 MHz ~ 6.0 GHz,最大信道带宽100 MHz。

(2)Frequency range 2(FR2)是毫米波频段。频率范围24.25 ~ 52.6 GHz,最大信道带宽400 MHz。

FR1的优点是频率低,绕射能力强,覆盖效果好,是当前5G的主用频谱。FR1主要作为基础覆盖频段,最大支持100 Mbit/s的带宽。其中低于3 GHz的部分,包括了现网在用的2G、3G、4G的频谱,在建网初期可以利旧站址的部分资源实现5G网络的快速部署。

FR2的优点是超大带宽,频谱干净,干扰较小,作为5G后续的扩展频率。FR2主要作为容量补充频段,最大支持400 Mbit/s的带宽,未来很多高速应用都会基于此段频谱实现,5G高达20 Gbit/s的峰值速率也是基于FR2的超大带宽。

二、了解超密集组网(UDN)方案

超密集组网是满足 2020 年后超高流量通信的需求,将成为一种关键技术。通过在 UDN 中大量装配无线设备,可实现极高的频率复用。满足热点地区 500 ~1 000 倍流量增长的需求(几十 Tbit/s/km^2,100 万连接/km^2,1 Gbit/s 用户体验速率)。典型的 UDN 场景包括办公室、聚居区、闹市、校园、体育场和地铁等。

用户中心虚拟小区的目标是实现无边缘的网络结构。由于用户覆盖范围及服务要求的限制,虚拟小区随着用户的移动而不断更新,并在虚拟小区及用户终端之间保持高质量的用户体验和用户服务质量,而不必考虑用户的位置。虚拟小区技术打破了传统的小区概念,不同于传统的小区化网络,此时的用户周围的接入点组成虚拟小区并联合服务该用户,并以之为中心。随着用户的移动,新的接入点将加入小区,而过期的接入点将被快速移除。图 6-3-1 所示为超密集组网示意图。具体来说,用户周围大量的接入点构成虚拟小区,以保障用户处于虚拟小区中央。一个或多个接入点将被新的接入点替换,这意味着随着用户的移动,新的接入点将加入移动小区的边缘。这种虚拟化小区的主要优点是保持较高的用户体验速率。

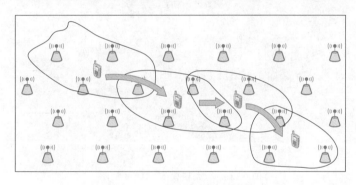

图 6-3-1　超密集组网示意图

三、了解新型网络架构(C-RAN)

C-RAN 是基于集中化处理、协作式无线电和实时云计算构架的绿色无线接入网构架。C-RAN 的基本思想是通过充分利用低成本高速光传输网络,直接在远端天线和集中化的中心节点间传送无线信号,以构建覆盖上百个基站服务区域,甚至上百平方公里的无线接入系统。C-RAN 架构适于采用协同技术,能够减小干扰,降低功耗,提升频谱效率,同时便于实现动态使用的智能化组网,集中处理有利于降低成本,便于维护,减少运营支出。图 6-3-2 所示为 C-RAN 示意图。

四、了解 5G 多天线技术

大规模 MIMO:收发两端配置多根天线,特别是在基站侧配置大量天线单元,获得空间自由度,既能实现小区内空间复用,也能实现小区间干扰抑制,提高频谱效率和能量效率。LTE 系统中最多 4 根,LTE-A 中 8 根。在大规模 MIMO 中,基站配置大多几十到几百根天线,同一时段资源同时服务若干用户。图 6-3-3 所示为大规模 MIMO 示意图。

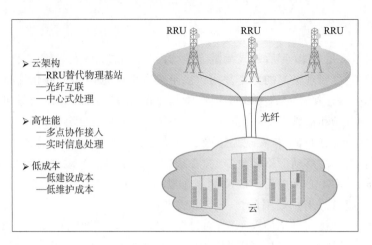

图 6-3-2 C-RAN 示意图

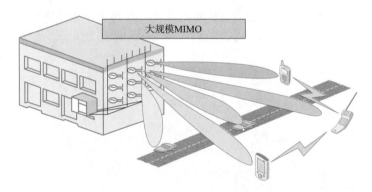

图 6-3-3 大规模 MIMO 示意图

大规模 MIMO 技术优势体现在以下两个方面：

（1）提高系统容量、频谱效率和能量效率。大量基站天线能提供丰富的空间自由度，支持空分多址，基站能利用相同的时频资源为数十个移动终端提供接入服务；利用波束形成技术使发送信号具有良好的指向性，空间干扰小；利用天线增益降低发射功率，提高系统能效，减小电磁污染。

（2）降低硬件成本，提高系统鲁棒性。大规模 MIMO 总发射功率固定，单根天线的发射功率很小，选用低成本功放即可满足要求；由于基站天线数量大，部分阵元故障不会对通信性能造成严重影响。

五、了解端到端通信技术（D2D）

端到端通信技术是一种在系统的控制下，允许终端之间通过复用小区资源直接进行通信的新型技术。它能够增加蜂窝通信系统频谱效率，降低终端发射功率，在一定程度上解决无线通信系统频谱资源匮乏的问题。图 6-3-4 所示为 D2D 技术示意图。

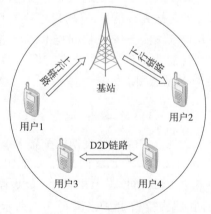

图 6-3-4 D2D 技术示意图

　　传统的蜂窝通信系统的组网方式是以基站为中心实现小区覆盖,而基站及中继站无法移动,其网络结构在灵活度上有一定的限制。随着无线多媒体业务不断增多,传统的以基站为中心的业务提供方式已无法满足海量用户在不同环境下的业务需求。

　　D2D技术无须借助基站的帮助就能够实现通信终端之间的直接通信,拓展网络连接和接入方式。由于短距离直接通信、信道质量高,D2D能够实现较高的数据传输速率、较低的时延和较低的功耗;通过广泛分布的终端,能够改善覆盖,实现频谱资源的高效利用;支持更灵活的网络架构和连接方法,提升链路灵活性和网络可靠性。

◉ 任务小结

　　本任务学习了5G需求与技术特点,了解5G频谱划分,了解5G在当下的应用案例,并简单学习5G的一些关键性技术。

※ 思考与练习

一、填空题

　　1. 按照3GPP的时间表,5G标准第一阶段的重点是确定_____。也就是说,先满足人联网的要求。

　　2. 随着_____标准冻结,规模试验也已经在各国展开,5G正式商用已进入倒计时。

　　3. 通常所说的5G,是第五代移动通信的简称,具有_____时延、_____级的下载速率等优点,一部超清电影可在1 s之内下载完成。

　　4. 3GPP已指定5G NR支持的频段列表,5G NR频谱范围可达_____。

　　5. FR1主要作为_____,最大支持100 Mbit/s的带宽。

　　6. 5G通过在_____中大量装配无线设备,可实现极高的频率复用。

　　7. 5G的主要应用有_____、_____、_____等,但截至目前,受限于5G网络的发展,暂未有杀手级的应用出现。

　　8. 用户中心虚拟小区的目标是实现_____的网络结构。

二、选择题

　　1. 3GPP已指定5G NR支持的频段列表,5G NR频谱范围可达(　　)Hz。

　　　　A. 200 M　　　　　　B. 10 G　　　　　　C. 100 G　　　　　　D. 1 000 G

　　2. C-RAN架构适于采用(　　),能够减小干扰,降低功耗,提升频谱效率。

　　　　A. 编码技术　　　　B. 加密技术　　　　C. 协同技术　　　　D. 调制技术

　　3. 在大规模MIMO中,基站配置大多(　　)根天线,同一时段资源同时服务若干用户。

　　　　A. 4　　　　　　　　B. 8　　　　　　　　C. 16　　　　　　　D. 几十到几百

　　4. 大量基站天线能提供丰富的空间自由度,支持(　　),基站能利用相同的时频资源为数十个移动终端提供接入服务。

　　　　A. SDMA　　　　　　B. CDMA　　　　　　C. OFDMA　　　　　D. SC-FDMA

　　5. (　　)这是一种在系统的控制下,允许终端之间通过复用小区资源直接进行通信的新型技术,它能够增加蜂窝通信系统频谱效率,降低终端发射功率。

A. 大规模 MIMO　　　　B. B2B　　　　　　　C. D2D　　　　　　　D. C-RAN

6. 以下属于 5G 技术优势更准确的是(　　)。

A. 低时延　　　　　　B. 高移动速度　　　　C. 高容量　　　　　　D. 以上都是

7. 5G 将使人们能够将计算都放在(　　),摆脱本地运行的庞大计算负担,从而使运行更加顺畅。

A. 数据库　　　　　　B. 移动硬盘　　　　　C. 云端　　　　　　　D. 手机端

8. 未来 5G 很多高速应用都会基于(　　)段频谱实现。

A. FR1　　　　　　　B. FR2　　　　　　　C. FR3　　　　　　　D. FR4

三、判断题

1. FR1 的优点是超大带宽,频谱干净,干扰较小,作为 5G 后续的扩展频率。　　　　(　　)

2. FR1 的优点是频率低,绕射能力强,覆盖效果好,是当前 5G 的主用频谱。FR1 主要作为基础覆盖频段,最大支持 100 Mbit/s 的带宽。　　　　(　　)

3. C-RAN 技术是满足 2020 年后超高流量通信的需求,将成为一种关键技术。　　　　(　　)

4. 用户中心虚拟小区的目标是实现无障碍的网络结构。　　　　(　　)

5. C-RAN 是基于集中化处理、协作式无线电和实时云计算构架的绿色无线接入网构架。

(　　)

6. 大规模 MIMO 技术可以提高系统容量、频谱效率和能量效率。　　　　(　　)

7. 端到端通信技术这是一种在系统的控制下,允许终端之间通过复用小区资源直接进行通信的新型技术。　　　　(　　)

8. D2D 技术必须借助基站的帮助实现通信终端之间的直接通信,拓展网络连接和接入方式。　　　　(　　)

四、简答题

1. 3GPP 已指定 5G NR 哪两大频率范围?

2. 简述 5G 的 FR1 频段特点。

3. 简述 5G 的超密集组网技术。

4. 简述 5G 存在哪些领域的应用。

5. 简述我国在全球 5G 技术的地位。

6. 简述 5G 关键技术 C-RAN 及其优点。

7. 简述 D2D 技术及优势。

8. 简述大规模 MIMO 的技术优势。

实战篇

LTE基站设备原理与安装

引言

2014 年 3 月 16 日,广东成为中国移动首个全省范围开展 4G 正式商用的省份。中国移动广东公司总经理钟天华表示,到 2014 年底,中国移动仅在广东将建成 6.5 万个基站,4G 一年的基站数相当于 3G 五年、2G 十年的建站规模。

至于另两家尚未拿到自己属意的 FDD-LTE 牌照的运营商,也只争朝夕。中国联通于 2014 年 3 月 18 日宣布提供 4G 服务;而中国电信则从 2014 年 2 月 21 日起开始销售 4G 数据终端和上网卡套餐。

1994 年 10 月,广东率先在全国开通 GSM 网络。广东移动披露的数据显示,过去 20 年,2G 网络上所建成的基站数是 7.7 万个。而过去五年广东移动建成的 3G 基站总数是 5.1 万个。一年相当于 5 年、10 年的建网速度,显示中国移动在 4G 布局上的心情之迫切。

运营商在 4G 的布局,对于产业链来说意味着丰厚的市场蛋糕。2014 年,广东移动投入 100 亿元补贴终端,100 亿元补贴渠道资源,建立 1 万个 4G 销售核心网点,全年销售 1 600 万台 4G 终端,拉动 320 亿元产值。

2014 年 3 月 16 日,广东移动在宣布全省 4G 正式商用的同时,还与一众手机厂商举行 4G 手机订货会,14 家手机厂商纷纷亮出了自己的供货目标,其中华为 400 万部、酷派 320 万部、三星 240 万部、中兴 150 万部、金立 140 万部。

中兴通讯副总裁刘金龙表示,TD-LTE 和 FDD-LTE 制式在很多方面都是相同的,而且目前全球参与 FDD-LTE 制式的重要设备厂商都已参与到 TD-LTE 上,因此,无论是网络还是手机终端,在成熟度上是没有问题的。

学习目标

- 掌握 ZXSDR B8300 设备实现理论与安装注意事项。
- 掌握 LTE 网管网络数据配置。
- 具备业务测试和故障处理等能力。

实战篇 —— LTE基站工作原理与设备安装

分析ZXSDR B8300原理及结构

分析ZXSDR R8962原理及结构

安装基站系统设备

项目七
LTE 基站工作原理
与设备安装

任务一　分析 ZXSDR B8300 原理及结构

📺 任务描述

通过学习分布式基站解决方案内容,了解 B8300 功能和系统设计,在掌握分布式基站概念的基础上重点了解分布式基站的优点、B8300 的功能和特点;熟悉 BBU 的硬件结构、软件结构和操作维护方法。

📋 任务目标

- 识记:分布式基站解决方案。
- 领会:eBBU 各单板的功能。
- 应用:CC 板主要接口功能。

✋ 任务实施

一、B8300 功能和系统设计

(一)ZTE 分布式基站解决方案

ZTE 采用 eBBU(基带单元) + eRRU(远端射频单元)分布式基站解决方案,两者配合共同完成 LTE 基站业务功能。

ZTE 分布式基站解决方案示意图如图 7-1-1 所示。

ZTE LTE eBBU + eRRU 分布式基站解决方案

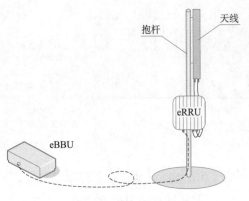

图 7-1-1　ZTE 分布式基站解决方案示意图
—— 馈线; ----- 光纤

具有以下优势：

（1）建网人工费和工程实施费大大降低。eBBU + eRRU 分布式基站设备体积小、重量轻，易于运输和工程安装。

（2）建网快，费用省。eBBU + eRRU 分布式基站适合在各种场景安装，可以上铁塔、置于楼顶、壁挂，站点选择灵活，不受机房空间限制。可帮助运营商快速部署网络，发挥 Time- To- Market 的优势，节约机房租赁费用和网络运营成本。

（3）升级扩容方便，节约网络初期的成本。eRRU 可以尽可能地靠近天线安装，节约馈缆成本，减少馈线损耗，提高 eRRU 机顶输出功率，增加覆盖面。

（4）功耗低，用电省。相对于传统的基站，eBBU + eRRU 分布式基站功耗更小，可降低在电源上的投资及用电费用，节约网络运营成本。

（5）分布式组网，可有效利用运营商的网络资源。支持基带和射频之间的星形、链形组网模式。

（6）采用更具前瞻性的通用化基站平台。eBBU 采用面向 B3G 和 4G 设计的平台，同一个硬件平台能够实现不同的标准制式，多种标准制式能够共存于同一个基站。这样可以简化运营商管理，把需要投资的多种基站合并为一种基站（多模基站），使运营商能更灵活地选择未来网络的演进方向，终端用户也将感受到网络的透明性和平滑演进。

（二）B8300 的功能和特点

ZXSDR B8300 TL200 实现 eNode B 的基带单元功能，与射频单元 eRRU 通过基带-射频光纤接口连接，构成完整的 eNode B。ZXSDR B8300 TL200 与 EPC 通过 S1 接口连接，与其他 eNode B 间通过 X2 接口连接。

ZXSDR B8300 TL200（eBBU）在网络中的位置如图 7-1-2 所示。

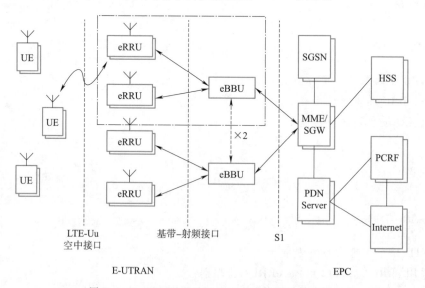

图 7-1-2　ZXSDR B8300 TL200 在网络中的位置

ZXSDR B8300 TL200 具有以下特点：

（1）大容量。ZXSDR B8300 TL200 支持多种配置方案，其中每一块 BPL 可支持 3 个 2 天线 20 Mbit/s 小区，或者一个 8 天线 20 Mbit/s 小区。上下行速率最高分别可达 150 Mbit/s 和

300 Mbit/s。

（2）技术成熟，性能稳定 ZXSDR B8300 TL200 采用 ZTE 统一 SDR 平台，该平台广泛应用于 CDMA、GSM、UMTS、TD-SCDMA 和 LTE 等大规模商用项目，技术成熟，性能稳定。

（3）支持多种标准，平滑演进。ZXSDR B8300 TL200 支持包括 GSM、UMTS、CDMA、WiMAX、TD-SCDMA、LTE 和 A-XGP 在内的多种标准，满足运营商灵活组网和平滑演进的需求。

（4）设计紧凑，部署方便。ZXSDR B8300 TL200 采用标准 MicroTCA 平台，体积小，设计深度仅 197 mm，可以独立安装和挂墙安装，节省机房空间，减少运营成本。

（5）全 IP 架构。ZXSDR B8300 TL200 采用 IP 交换，提供 GE/FE 外部接口，适应当前各种传输场合，满足各种环境条件下的组网要求。

ZXSDR B8300 TL200 采用 19 英寸标准机箱，产品外观如图 7-1-3 所示。

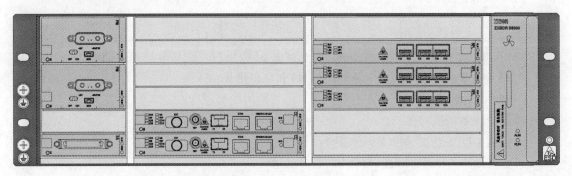

图 7-1-3　产品外观

ZXSDR B8300 TL200 作为多模 eBBU，主要提供 S1、X2 接口、时钟同步、eBBU 级联接口、基带射频接口、OMC/LMT 接口、环境监控等接口，实现业务及通信数据的交换、操作维护功能。

ZXSDR B8300 TL200 的主要功能包括：

（1）系统通过 S1 接口与 EPC 相连，完成 UE 请求业务的建立，完成 UE 在不同 eNB 间的切换。eBBU 与 eRRU 之间通过标准 OBRI/Ir 接口连接，与 eRRU 系统配合通过空中接口完成 UE 的接入和无线链路传输功能。

（2）数据流的 IP 头压缩和加解密。无线资源管理：无线承载控制、无线接入控制、移动性管理、动态资源管理。

（3）UE 附着时的 MME 选择。路由用户面数据到 S-GW（服务网关）。

（4）寻呼消息调度与传输。移动性及调度过程中的测量与测量报告；PDCP\RLC\MAC\ULPHY\DLPHY 数据处理。

（5）通过后台网管（OMC/LMT）提供操作维护功能：配置管理、告警管理、性能管理、版本管理、前后台通信管理、诊断管理。提供集中、统一的环境监控，支持透明通道传输。

（6）支持所有单板、模块带电插拔；支持远程维护、检测、故障恢复、远程软件下载。充分考虑 TD-SCDMA、TD-LTE 双模需求。

（三）系统硬件结构

ZXSDR B8300 TL200 的硬件架构基于标准 MicroTCA 平台，为 19 英寸宽，3U（U 为专业计量单位，大概为机框内 3 个螺钉帽的长度）高的紧凑式机箱，系统硬件结构如图 7-1-4 所示。

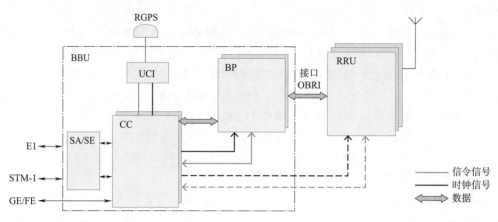

图 7-1-4　系统硬件结构

ZXSDR B8300 TL200 的功能模块包括：控制 & 时钟板（CC）、基带处理板（BPL）、环境告警板（SA）、环境告警扩展板（SE）、电源模块（PM）和风扇模块（FA）。

1. 控制 & 时钟板（CC）

（1）支持主备倒换功能。

（2）提供 GPS 系统时钟和 RF 参考时钟。

（3）支持一个 GE 以太网接口（光口、电口二选一）。

（4）GE 以太网交换，提供信令流和媒体流交换平面。

（5）机框管理功能。

（6）时钟扩展接口（IEEE1588）。

（7）通信扩展接口（OMC、DEBUG 和 GE 级联网口）。

2. 基带处理板（BPL）

（1）提供 eRRU 级联接口。

（2）实现用户面处理和物理层处理，包括 PDCP、RLC、MAC、PHY 等。

（3）支持 IPMI 管理。

3. 环境告警板（SA）

（1）支持风扇监控及转速控制。

（2）通过 IPMB-0 总线与 CC 通信。

（3）为外挂的监控设备提供扩展的全双工 RS232 与 RS485 通信通道。

（4）提供 6 路输入干结点和 2 路双向干节点。

4. 环境告警扩展模块（SE）

（1）按照标准的 AMC 设计和上电，并可按照标准 AMC 的 MMC 版本升级流程进行版本维护。

（2）集成了外接温度传感器、红外传感器、门禁传感器、水淹传感器、烟雾传感器和扩展的开关量接口。

（3）通过串口和 CC 通信。

5. 电源模块（PM）

（1）输入过压、欠压测量和保护功能。

（2）输出过流保护和负载电源管理功能。

6. 风扇模块（FA）

（1）根据温度自动调节风扇速度。

（2）监控并报告风扇状态。

（四）系统软件结构

ZXSDR B8300 TL200 软件系统可以划分为三层：应用软件层（Application Software）、平台软件层（Platform Software）、硬件层（Hardware），如图 7-1-5 所示。

软件系统各部分功能如下：

1. 应用层

（1）RNLC（Radio Network Layer Control Plane）：提供无线控制面的资源管理。

（2）RNLU（Radio Network Layer User Plane）：提供用户面功能。

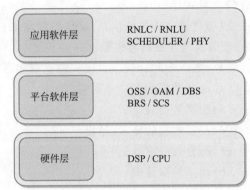

图 7-1-5　系统软件结构

（3）SCHEDULER：包括 MULSD（MAC Uplink Scheduler，提供上行 MAC 调度）和 MDLSD（MAC Downlink Scheduler，提供下行 MAC 调度）。

（4）PHY（Physical Layer）：提供 LTE 物理层功能。

2. 平台软件层

（1）OSS（Operation Support Sub-system）：软件运行支撑平台，包括二次调度、定时器、内存管理功能、系统平台级监控、监控告警和日志等功能。

（2）OAM（Operating And Maintainance）：提供配置、告警和性能管理等功能。

（3）DBS（Database Sub-System）：提供数据管理功能。

（4）BRS（Bearer Sub-System）：提供单板间或者网元间的 IP 网络通信。

（5）SCS（System Control Sub-system）：提供系统管理功能，包括系统上电控制、倒换控制、插箱管理、设备运行等控制等。

3. 硬件层。

提供 DSP 和 CPU 支撑平台。

（五）操作维护系统设计

1. 操作维护系统

ZXSDR B8300 TL200 操作维护系统采用中兴的统一网管平台 NetNumen™ M31。NetNumen™ M31 处于 EML 层，提供 2G/3G 或者 EPC 整体网络的操作和维护。

2. 维护功能

NetNumen™ M31 提供了强大的功能，满足运营商的需求，包括：

（1）性能管理。

（2）测量任务管理：提供专用工具测量用户需求的数据。

（3）QoS 任务管理：支持设置 QoS 任务，检测网络性能。

（4）性能数据管理。

（5）性能 KPI：支持添加、修改和删除性能 KPI 条目，查询 KPI 数据。

(6)性能图表分析。

(7)性能测量报告:性能测量报告以 Excel/PDF/HTML/TXT 等文档形式导出。

(8)故障管理

(9)实时监测设备的工作状态。

(10)通知用户实时告警,如呈现在界面上的告警信息,普通告警的解决方案,告警声音和颜色。

(11)通过分析告警信息,定位告警原因,并解决。

配置管理主要内容包括:

(1)添加、删除、修改、对比和浏览网元数据。

(2)配置数据的上传和下载。

(3)配置数据对比。

(4)配置数据的导入、导出。

(5)配置数据审查。

(6)动态数据管理。

(7)时间同步。

日志管理包括:

(1)安全日志:记录登录信息,例如用户的登录与注销。

(2)操作日志:记录操作信息,例如增加或者删除网元、修改网元参数等。

(3)系统日志:同步网元的告警信息、数据备份等。

(4)NetNumen™ M31 记录用户的登录信息,操作命令和执行结果等,对已有的日志记录,提供了更进一步的操作功能。

(5)查询操作日志:提供操作日志搜索和查询功能。

(6)删除操作日志:提供基于日期和时间的日志删除功能。

(7)自动删除操作日志:超过用户自定义时间后,操作日志将被自动删除。

(8)安全管理。

(9)安全管理提供登录认证和操作认证功能。安全管理可以保证用户合法地使用网管系统,安全管理为每一个特定用户分配了特定角色,用以保证安全性和可靠性的提升。

二、B8300 工作原理解析

(一)系统业务信号流向

eNode B 侧协议分为用户面协议和控制面协议,系统业务信号经过用户面协议处理后到达 S-GW。系统业务信号流向示意图如图 7-1-6 所示。

UE 侧数据经过 PDCP 协议对下行数据信头进行压缩和加密,经 RLC 协议对数据进行分段、MAC 复用、PHY 编码和调制。eNodeB 侧对接收到的数据经反向操作后,经 GTPU/UDP 协议与 S-GW 交互,完成系统上行业务数据处理流程。下行处理流程执行与上行相反的操作过程。

(二)系统控制信号流向

eNodeB 侧协议分为用户面协议和控制面协议,系统控制信号经过控制面协议处理后到达 MME。系统控制信号流向示意图如图 7-1-7 所示。

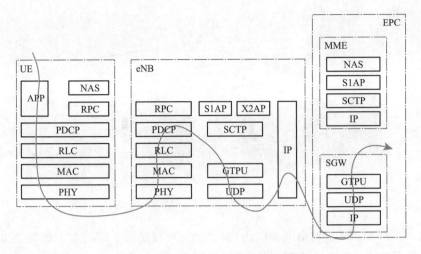

图 7-1-6　系统业务信号流向示意图

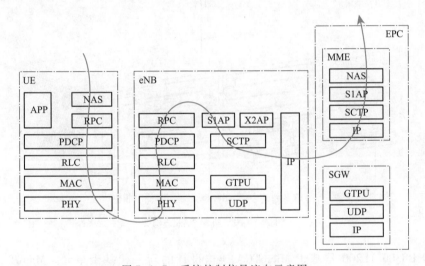

图 7-1-7　系统控制信号流向示意图

当 UE 侧上层需要建立 RRC 连接时，UE 启动 RRC 连接建立过程，PDCP 协议对控制信令进行信头压缩和加密，经 RLC 协议对数据进行分段、MAC 复用、PHY 编码和调制。eNode B 侧对接收到的控制信令经反向操作后，经 S1AP/SCTP 协议与 MME 交互，完成系统控制信令处理流程。

（三）时钟信号流

CC 板负责分发系统时钟信号到其他单板，并通过基带传输光纤发送到 eRRU 设备。时钟信号流如图 7-1-8 所示。

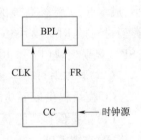

图 7-1-8　时钟信号流

三、B8300 单板功能分析

（一）机箱介绍

ZXSDR B8300 TL200 机箱从外形上看，主要由机箱体、后背板、后盖板组成，机箱外部结构如图 7-1-9 所示。

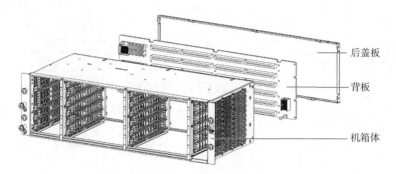

后盖板

背板

机箱体

图 7-1-9　机箱外部结构 1

ZXSDR B8300 TL200 机箱由电源模块 PM、机框、风扇插箱 FA、基带处理模块 BPL、控制和时钟模块 CC、现场监控模块 SA 等组成。模块及其典型位置如图 7-1-10 所示。

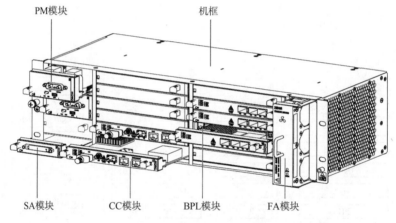

PM模块　　　　　　　机框

SA模块　　CC模块　　BPL模块　　FA模块

图 7-1-10　机箱外部结构 2

ZXSDR B8300 TL200 是基于 MicroTCA 架构设计的新一代基带单元。MicroTCA（也称为 μTCA）架构基于 PICMG 标准，是 ATCA 的补充规范。MicroTCA 架构相对 ATCA 而言，具有体积小、成本低、灵活性高等优点，因而适用于基站侧设备。ZXSDR B8300 TL200 单板分为以下 6 种类型：控制与时钟模块（CC）、基带处理模块（BPL）、现场告警模块（SA）、现场告警扩展模块（SE）、风扇模块（FA）、电源模块（PM）。

（二）控制与时钟单板

CC 模块提供以下功能：

（1）主备倒换功能。

（2）支持 GPS、bits 时钟、线路时钟，提供系统时钟。

（3）GE 以太网交换，提供信令流和媒体流交换平面。

（4）提供与 GPS 接收机的串口通信功能。

（5）支持机框管理功能。

（6）支持时钟级联功能。

（7）支持配置外置接收机功能。

CC板外观如图7-1-11所示。

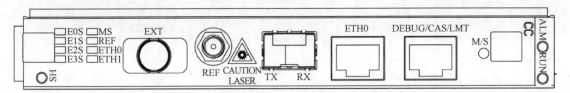

图7-1-11　CC单板外观

CC板接口说明如表7-1-1所示。

表7-1-1　CC板接口说明

接口名称	说　　明
ETH0	S1/X2接口,GE/FE自适应电接口
DEBUG/CAS/LMT	级联、调试或本地维护,GE/FE自适应电接口
TX/RX	S1/X2接口,GE/FE光接口(ETH0和TX/RX接口互斥使用)
EXT	外置通信口,连接外置接收机,主要是RS485、PP1S+/2 M+接口
REF	外接GPS天线

CC板指示灯颜色、含义及说明如表7-1-2所示。

表7-1-2　CC板指示灯颜色、含义及说明

指示灯	颜色	含义	说　　明
RUN	绿	运行指示灯	常亮:单板处于复位状态; 1 Hz闪烁:单板运行,状态正常; 灭:表示自检失败
ALM	红	告警指示灯	亮:单板有告警; 灭:单板无告警
MS	绿	主备状态指示灯	亮:单板处于主用状态; 灭:单板处于备用状态
REF	绿	GPS天线状态	常亮:天馈正常; 常灭:天馈正常,GPS模块正在初始化; 1 Hz慢闪:天馈断路; 2 Hz快闪:天馈正常但收不到卫星信号; 0.5 Hz极慢闪:天馈断路; 5 Hz极快闪:初始未收到电文
ETH0	绿	Iub口链路状态	亮:S1/X2/OMC的网口、电口或光口物理链路正常; 灭:S1/X2/OMC的网口的物理链路断
ETH1	绿	Debug接口链路状态	亮:网口物理链路正常; 灭:网口物理链路断
E0S ~ E3S	关	—	保留
HS	关	—	保留

CC板上的按键说明如表7-1-3所示。

表 7-1-3 CC 板按键说明

按　键	说　明
M/S	主备倒换开关
RST	复位开关

（三）基带处理板 BPL

（1）功能：提供与 eRRU 的接口；用户面协议处理、物理层协议处理，包括 PDCP、RLC、MAC、PHY；提供 IPMI 管理接口。

（2）面板：BPL 板外观如图 7-1-12 所示。

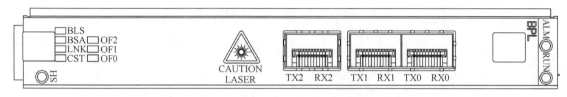

图 7-1-12 BPL 单板外观

BPL 板接口说明如表 7-1-4 所示。

表 7-1-4 BPL 板接口说明

接　口　名　称	说　明
TX0/RX0 ~ TX2/RX2	2.4576 G/4.9152 G OBRI/Ir 光接口，用以连接 eRRU

（3）指示灯：BPL 板指示灯颜色、含义及说明如表 7-1-5 所示。

表 7-1-5 BPL 板指示灯颜色、含义及说明

指　示　灯	颜　色	含　义	说　明
HS	关	—	保留
BLS	绿	背板链路状态指示	亮：背板 IQ 链路没有配置，或者所有链路状态正常； 灭：存在至少一条背板 IQ 链路异常
BSA	绿	单板告警指示	亮：单板告警； 灭：单板无告警
CST	绿	CPU 状态指示	亮：CPU 和 MMC 之间的通信正常； 灭：CPU 和 MMC 之间的通信中断
RUN	绿	运行指示	常亮：单板处于复位态； 1 Hz 闪烁：单板运行，状态正常； 灭：表示自检失败
ALM	红	告警指示	亮：告警； 灭：正常
LNK	绿	与 CC 的网口状态指示	亮：物理链路正常； 灭：物理链路断
OF2	绿	光口 2 链路指示	亮：光信号正常； 灭：光信号丢失
OF1	绿	光口 1 链路指示	亮：光信号正常； 灭：光信号丢失

续表

指 示 灯	颜 色	含 义	说 明
OF0	绿	光口0链路指示	亮:光信号正常; 灭:光信号丢失

（4）按键:BPL板上的按键说明如表7-1-6所示

表 7-1-6　BPL 板按键说明

按 键	说 明
RST	复位开关

（四）现场告警板 SA

（1）功能:

- 风扇告警监控和转速控制。
- 通过 UART 和 CC 板通信。
- 分别提供一个 RS485 和一个 RS232 全双工接口,用于外围设备监控。
- 提供 6 个输入干接点接口、2 个输入/输出的干接点接口。

（2）面板:SA 板外观如图 7-1-13 所示。

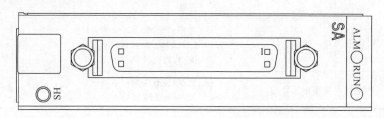

图 7-1-13　SA 板外观

SA 板接口说明如表 7-1-7 所示。

表 7-1-7　SA 板接口说明

接 口 名 称	说 明
—	RS485/232 接口,6 +2 干接点接口(6 路输入,2 路双向)

（3）指示灯:SA 面板指示灯的颜色、含义及说明如表 7-1-8 所示。

表 7-1-8　SA 面板指示灯的颜色、含义及说明

指 示 灯	颜 色	含 义	说 明
HS	关	—	保留
RUN	绿	运行指示灯	常亮:单板处于复位状态; 1 Hz 闪烁:单板运行正常; 灭:自检失败
ALM	红	告警指示灯	亮:单板有告警; 灭:单板无告警

（五）现场告警扩展板 SE

（1）功能:SE 支持以下功能:6 个输入干接点接口、2 个输入/输出的干接点接口。

（2）面板：SE 板外观如图 7-1-14 所示。

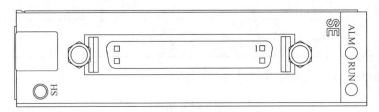

图 7-1-14 SE 板外观

SE 板接口说明如表 7-1-9 所示。

表 7-1-9 SE 板接口说明

接 口 名 称	说 明
—	RS485/232 接口、6+2 干接点接口（6 路输入，2 路双向）

（3）指示灯。SE 面板指示灯颜色、含义及说明如表 7-1-10 所示。

表 7-1-10 SE 面板指示灯颜色、含义及说明

指 示 灯	颜 色	含 义	说 明
HS	关	—	保留
RUN	绿	运行指示灯	常亮：单板处于复位状态； 1 Hz 闪烁：单板运行正常； 灭：自检失败
ALM	红	告警指示灯	亮：单板有告警； 灭：单板无告警

（六）风扇模块 FA

（1）功能：

- 风扇控制功能和接口。
- 空气温度检测。
- 风扇插箱的 LED 显示。

（2）面板：FA 板外观如图 7-1-15 所示。

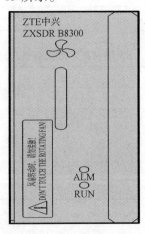

图 7-1-15 SE 单板外观

（3）指示灯：FA 板指示灯颜色、含义及说明如表 7-1-11 所示。

表 7-1-11　FA 面板指示灯颜色、含义及说明

指 示 灯	颜　色	含　义	说　明
RUN	绿	运行指示灯	常亮：单板处于复位状态； 1 Hz 闪烁：单板运行正常； 灭：自检失败
ALM	红	告警指示灯	亮：单板有告警； 灭：单板无告警

（七）电源模块 PM

（1）功能：

- 输入过压、欠压测量和保护功能。
- 输出过流保护和负载电源管理功能。

（2）面板：PM 板外观如图 7-1-16 所示。

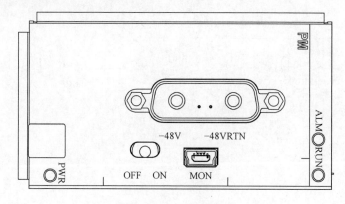

图 7-1-16　PM 板外观

PM 板接口说明如表 7-1-12 所示。

表 7-1-12　PM 板接口说明

接 口 名 称	说　明
MON	调试用接口，RS232 串口
-48 V／-48VRTN	-48 V 输入接口

（3）指示灯：PM 板指示灯颜色、含义及说明如表 7-1-13 所示。

表 7-1-13　PM 板指示灯颜色、含义及说明

指 示 灯	颜　色	含　义	说　明
RUN	绿	运行指示灯	常亮：单板处于复位状态； 1 Hz 闪烁：单板运行正常； 灭：自检失败
ALM	红	告警指示灯	亮：单板有告警； 灭：单板无告警

（4）按键。PM 板按键说明如表 7-1-14 所示。

表 7-1-14　PM 板按键说明

按　　键	说　　明
OFF/ON	PM 开关

四、B8300 组网与单板配置

（一）典型组网

1. 星状组网

在 ZXSDR B8300 TL200 星状组网模型中，9 对光纤接口连接 9 个 eRRU。星状组网模型如图 7-1-17 所示。

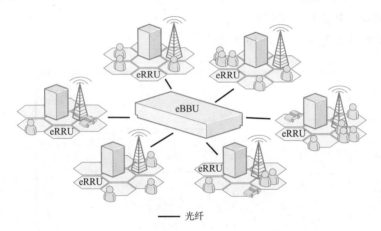

图 7-1-17　星状组网模型

2. 链状组网

在 ZXSDR B8300 TL200 的链型组网模型中，eRRU 通过光纤接口与 ZXSDR B8300 TL200 或者级联的 eRRU 相连，组网模型示意图如图 7-1-18 所示，ZXSDR B8300 TL200 支持最大 4 级 eRRU 的链型组网。链型组网方式适合于呈带状分布、用户密度较小的地区，可以大量节省传输设备。

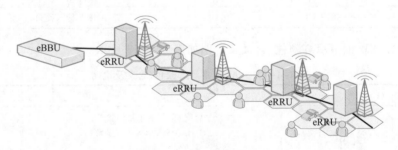

图 7-1-18　链状组网模型

（二）单板配置

ZXSDR B8300 TL200 单板配置如表 7-1-15 所示。

表 7-1-15　单板配置表

名　称	说　明	配 置 数 量		
		2天线1扇区/2天线2扇区/2天线3扇区	8天线3扇区	8天线3扇区+2天线3扇区
CC	控制和时钟板	1	2	2
BPL	基带处理板	1	3	4
SA	现场告警板	1	1	1
SE(选配)	现场告警扩展板	1	1	1
PM	电源模块	1	2	2
FA	风扇模块	1	1	1

任务小结

　　通过本任务的学习可了解 B8300 功能和系统设计;了解分布式基站的概念、分布式基站的优点、B8300 的功能和特点;熟悉 BBU 的硬件结构、软件结构和操作维护系统;掌握 B8300 的工作原理;掌握系统业务信号流向、控制信号流向和时钟信号流;了解 B8300 机箱外部结构;掌握 B8300 单板分类及各种类型单板的功能;了解 B8300 的典型组网、星状组网和链状组网的特点,以及 B8300 单板的典型配置。

任务二　分析 ZXSDR R8962 原理及结构

任务描述

　　本任务将学习中兴基站设备 RRU R8962 原理及结构;了解 R8962 的功能和特点、R8962 的操作维护系统设计和 R8962 的典型组网;掌握 R8962 外部接口和功能,了解与 RRU 相关的线缆连接。

任务目标

* 识记:R8962 的功能。
* 掌握:R8962 模块组成和功能。

任务实施

一、R8962 功能和系统设计

(一)R8962 的功能和特点

ZXSDR R8962 L26A 产品外观如 7-2-1 所示。

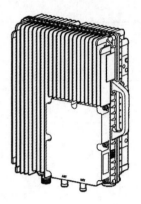

1. R8962 的特点

（1）ZXSDR R8962 L26A 远端射频单元应用于室外覆盖，与 BBU 配合使用，覆盖方式灵活。Uu 接口遵循 3GPP TS36.104 V8.2.0 规范，和 BBU 间采用光接口相连，传输 IQ（In-phase Quadrature）数据、时钟信号和控制信息；与级联的 RRU 间也采用光接口相连。

（2）ZXSDR R8962 L26A 为采用小型化设计、满足室外应用条件、全密封、自然散热的室外射频单元站。具有体积小（小于 13.5 升）、质量小（10 kg）、功耗低（160 W）、易于安装维护的特点。

（3）ZXSDR R8962 L26A 可以直接安装在靠近天线位置的桅杆或者墙面上，可以有效降低射频损耗。

图 7-2-1　ZXSDR R8962 L26A 产品外观

（4）ZXSDR R8962 L26A 最大支持每天线 20 W 机顶射频功率，可以广泛应用于从密集城区到郊区广域覆盖等多种应用场景。

（5）设备供电方式灵活。支持 -48 V DC 的直流电源配置，也支持 220 V AC 的交流电源配置。

（6）支持功放静态调压。BBU 根据配置的小区信息，确定 ZXSDR R8962 L26A 需要的最大发射功率。ZXSDR R8962 L26A 根据 BBU 下发的小区功率调整对应的电源输出电压等级，并控制电源给功放提供的电压来调整它的输出功率等级，保证在不同功率等级下有较高的功率效率，以起到节能降耗的作用。

2. R8962 的功能

ZXSDR R8962 L26A 是分布式基站的远程射频单元。射频信号通过 ZXSDR R8962 L26A 基带处理单元传输/接收，通过标准的基带-射频接口做进一步处理。R8962 的功能包括：无线接口管理功能、接口功能、复位功能、版本管理功能、配置管理功能、通道管理功能、告警管理功能、故障诊断功能。

无线接口管理功能如下：

（1）ZXSDR R8962 L26A 在上电初始化后，支持 LTE TDD 双工模式。

（2）支持空口上/下行帧结构和特殊子帧结构。

（3）通过 BBU 的控制可以实现 eNode B 间的 TDD 同步。

（4）支持 2 530 ~ 2 630 MHz 频段的 LTE TDD 单载波信号的发射与接收。

（5）能够建立两发、两收的中射频通道。

（6）支持上/下行多种调制方式，支持 QPSK、16QAM、64QAM 的调制方式。

（7）支持 10 MHz、20 MHz 载波带宽。

接口功能如下：

（1）支持 BBU 与 RRU 之间两光纤接口收发。

（2）支持光模块热插拔。

（3）最多支持四级级联。

（4）支持标准的基带-射频接口。

（5）支持 NGMN OBRI 接口协议。

（6）通过和 BBU-RRU 接口，ZXSDR R8962 L26A 能够自动获取 BBU 分配给自己的标识号，并能够根据自己的标识号接收其对应信息。

(7)传输带宽随信道带宽变化。

复位功能如下：

(1)通过命令进行整机软复位功能。

(2)远程整机软复位功能。

(3)支持远程硬复位。

(4)系统复位原因记录。

(5)版本管理功能。

(6)远程版本下载。

(7)本地版本下载。

(8)远程版本信息查询。

(9)远程资产信息查询。

配置管理功能如下：

(1)支持自由配置 RRU 当前的空口帧结构和特殊子帧结构。

(2)支持在 2 530～2 630 MHz 频带内工作频点的灵活配置,频率步进栅格的最小步进支持 100 kHz。

(3)支持多种灵活的带宽配置,可配置带宽包括 10/20 MHz。

(4)支持前向基带功率的检测和查询功能。

(5)支持 RRU 输出射频功率的检测和查询功能。

(6)接收信号强度检测和指示。

(7)支持 Doherty 技术。

(8)支持数字预失真技术及其配置管理。

(9)支持削峰技术。

(10)支持削峰功能和削峰参数配置和查询。

(11)支持通过 BBU 实现对两路功放独立打开和关闭的功能。

(12)支持整机温度检测和查询功能。

(13)支持设备配置和出厂信息的查询和改写。

通道管理功能如下：

(1)ZXSDR R8962 L26A 能够在测试模式下独立发测试数据。

(2)ZXSDR R8962 L26A 应能对射频输出的功率结合 BBU 下发的基带功率进行自动定标。

(3)支持光纤接口传输质量的测量功能。

(4)支持接收增益控制功能。

(5)支持对连接到 BBU 的 RRU 设备进行闭塞操作。

(6)支持对连接到 BBU 的 RRU 进行解闭塞操作。

(7)支持发射通道对应关系配置。

(8)支持接收通道对应关系配置。

电源管理功能如下：

(1)支持 -48 V DC 的直流电源配置。

（2）支持 220 V AC 的交流电源配置。

（3）支持功放静态调压。

告警管理功能如下：

（1）支持电源输入电压欠压/过压告警。

（2）支持电源过温告警。

（3）支持电源掉电告警。

（4）支持驻波比告警。

（5）支持发射功率告警。

（6）支持光口告警。

（7）支持时钟异常告警。

（8）支持前向链路峰值功率异常告警。

（9）支持数字预失真告警。

（10）支持光口传输质量过低告警。

（11）支持功放过温告警。

（12）支持单板过温告警。

（13）支持对告警门限进行配置。

故障诊断功能如下：

（1）ZXSDR R8962 L26A 支持级联下的环回测试功能。

（2）ZXSDR R8962 L26A 支持硬件自动检测功能。

（3）支持前向链路数据上传功能。

（4）支持反向链路数据上传功能。

（5）支持数字预失真数据上传功能。

（6）系统状态指示功能。

R8962 模块组成包括：收发信单元、交流电源模块/直流电源模块、腔体滤波器、低噪放功放。

（1）收发信单元：完成信号的模数和数模转换、变频、放大、滤波，实现信号的 RF 收发，以及 ZXSDR R8962 L26A 的系统控制和接口功能。

（2）交流电源模块/直流电源模块：将输入的交流（或直流）电压转化为系统内部所需的电压，给系统内部所有硬件子系统或者模块供电。

（3）腔体滤波器：内部实现接收滤波和发射滤波，提供通道射频滤波。

（4）低噪放功放：包括功放输出功率检测电路和数字预失真反馈电路。实现收发信板输入信号的功率放大，通过配合削峰和预失真来实现高效率；提供前向功率和反向功率耦合输出口，实现功率检测等功能。

（二）R8962 的操作维护系统

ZXSDR R8962 L26A 支持本地维护终端操作和网管方式维护操作。

本地维护终端操作如图 7-2-2 所示。

网管操作维护如图 7-2-3 所示。

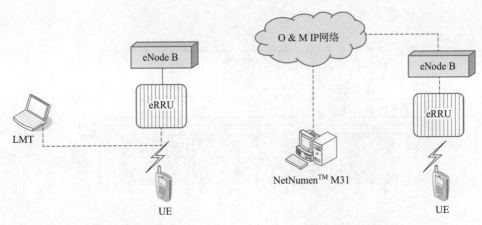

图 7-2-2 本地维护终端操作　　　　　图 7-2-3 网管操作维护

（三）R8962 的典型组网

ZXSDR R8962 L26A 通过标准基带-射频接口和 BBU 连接，支持星状组网（见图 7-2-4）和链状组网（见图 7-2-5）。

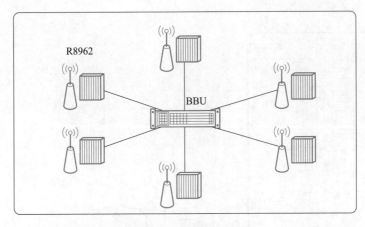

图 7-2-4 星状组网图

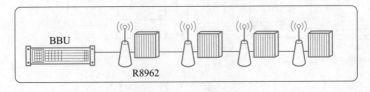

图 7-2-5 链状组网图

二、掌握 R8962 接口功能和连接方法

（一）外部接口功能

产品物理接口如图 7-2-6 所示。

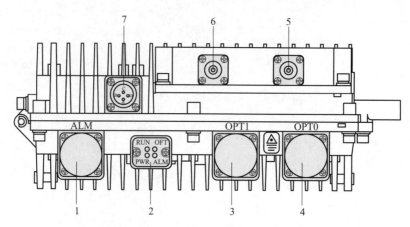

图 7-2-6 产品物理接口

1—LMT:操作维护接口;2—状态指示灯:包括设备运行状态指示,光口状态指示,告警,电源工作状态指示;

3—OPT1:连接 BBU 或级联 ZXSDR R8962 L26A 的接口 1;4—OPT0:连接 BBU 或级联 ZXSDR R8962 L26A4 的接口 0;

5—ANT0:天线连接接口 0;6—ANT1:天线连接接口 1;7—PWR:-48 V 直流或 220 V 交流电源接口

设备端子位置示意图如图 7-2-7 所示。

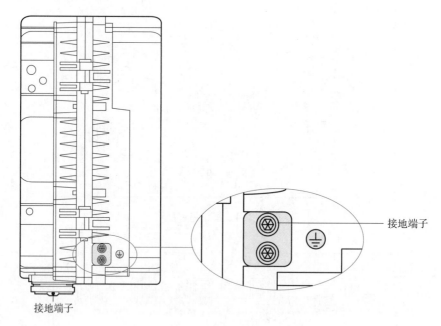

图 7-2-7 设备端子位置示意图

(二)线缆连接

1. 电源线缆

ZXSDR R8962 L26A 的电源电缆用于连接电源接口至供电设备接口,线缆长度按照工勘的要求制作。电缆 A 端为 4 芯 PCB 焊接接线插座,用于连接 RRU;B 端为工程预留,需要现场制作。

2. 保护地线缆

ZXSDR R8962 L26A 的保护地线缆用于连接机箱的一个接地螺栓和接地铜排,采用 16 mm^2 黄绿色阻燃多股导线制作。

3. 光纤

在 ZXSDR R8962 L26A 系统中,光纤有如下用途:

(1)作为 RRU 级联线缆。

(2)作为 RRU 与 BBU 的连接线缆。

4. 天馈跳线

天馈跳线用于 ZXSDR R8962 L26A 与主馈线以及主馈线与天线的连接。当主馈线采用 7/8"
或 5/4"同轴电缆时,需要采用天馈跳线进行转接。

任务小结

通过本任务的学习,掌握 R8962 的功能和特点、R8962 的操作维护系统设计和 R8962 的典
型组网,并熟识 R8962 外部接口和功能、了解与 RRU 相关的线缆连接。

任务三　安装基站系统设备

任务描述

本任务将学习基站系统设备安装;掌握 eBBU 安装、eBBU 上传输线缆的连接、GPS 安装及
连接;掌握 eRRU 安装、天馈安装及连接。

任务目标

- 识记:eBBU 有哪些安装方式。
- 掌握:eBBU 上的线缆连接。
- 掌握:eRRU 安装方式及线缆连接。

任务实施

一、eBBU 安装及连接

(一)eBBU 安装

eBBU 有两种安装方式:机柜安装和挂墙安装,如图 7-3-1、图 7-3-2 所示。

(二)eBBU 的连接

(1)eBBU 通过 CC 板 TX/RX 接口或 ETH0 和传输设备相连接,如图 7-3-3、图 7-3-4
所示。

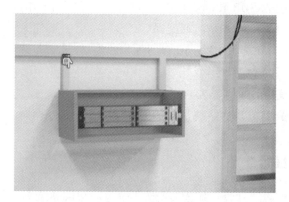

图 7-3-1 机柜安装　　　　　　　　　　图 7-3-2 挂墙安装

图 7-3-3 传输设备连接——CC 板 TX/RX 接口

图 7-3-4 传输设备连接——CC 板 ETH0 接口

（2）eBBU 通过基带板 TX0/RX0-TX2/RX2 和 RRU 相连接，如图 7-3-5 所示。

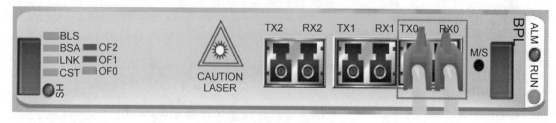

图 7-3-5 eRRU 连接——基带板 TX0/RX0-TX2/RX2

（3）eBBU 通过 CC 板 DUBUG 接口和 LMT 连接，如图 7-3-6 所示。

图 7-3-6　CC 板和 LMT 连接

（4）eBBU 通过 CC 板 REF 接口和 GPS 连接。对于 TDD-LTE 系统来说，对时钟的要求非常高，所以，TDD-LTE 的基站必须安装 GPS 天线（见图 7-3-7），eBBU 通过 CC 板上的 REF 端口与 GPS 设备相连接，如图 7-3-8 所示。

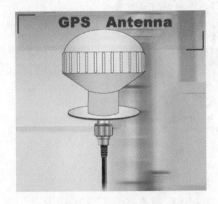

图 7-3-7　GPS 天线

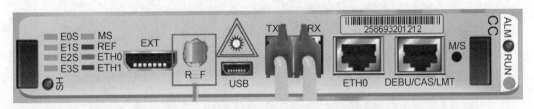

图 7-3-8　CC 板和 GPS 天线连接——CC 板 REF 接口

（5）eBBU 通过 PM 板连接电源，如图 7-3-9 所示。

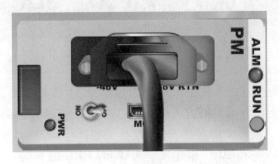

图 7-3-9　eBBU 通过 PM 板连接电源

二、eRRU 安装及连接

（一）eRRU 安装

RRU 的安装方式有抱杆/铁塔安装、如图 7-3-10 所示，挂墙安装如图 7-3-11 所示。

图 7-3-10　抱杆/铁塔安装

图 7-3-11　挂墙安装

（二）eRRU 的连接

（1）eRRU 通过 OPT 接口和 eBBU 相连，如图 7-3-12 所示。

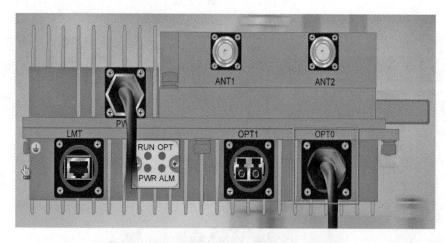

图 7-3-12　eRRU 通过 OPT 接口和 eBBU 相连

（2）天馈安装及连接。天馈系统由天线和馈线组成，主要分室外天馈系统和室内天馈系统。室外天线按照通道不同分为单通道天线和多通道天线；室外天馈系统的馈线主要有 1/2 馈线、7/8 馈线。室内天线主要有全向吸顶天线，壁挂天线；室内天馈系统的辅件有功分器、耦合器等。室外天线通过馈线与和 RRU 相连接。天线和 eRRU 的连接和接口图如图 7-3-13 ~ 图 7-3-15 所示。

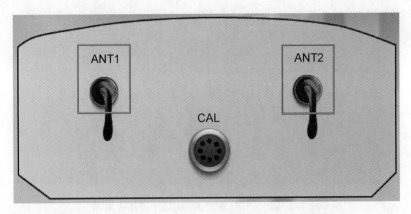

图 7-3-13　天线和 eRRU 连接——天线 ANT 接口

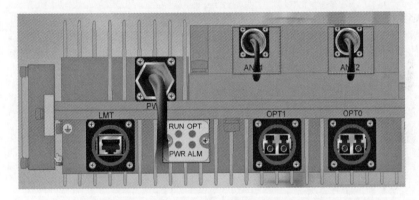

图 7-3-14　天线和 eRRU 连接——eRRU ANT 接口

图 7-3-15　天线和 eRRU 连接

（3）eRRU 通过 PWR 接口板连接电源，如图 7-3-16 所示。

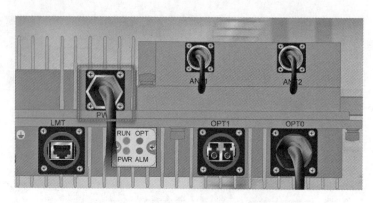

图 7-3-16　eRRU 通过 PWR 接口板连接电源

任务小结

通过本任务的学习,可掌握 eBBU eRRU 安装、eBBU eRRU 上线缆的连接、GPS 安装及连接。

※思考与练习

一、填空题

1. ZTE 采用 _____ + _____ 分布式基站解决方案,两者配合共同完成 LTE 基站业务功能。

2. ZXSDR B8300 TL200 软件系统可以划分为三层:_____、_____、硬件层。

3. eNODEB 的 GPS 连接在 _____ 单板上。

4. _____ 板提供 GPS 系统时钟和 RF 参考时钟;_____ 板提供 eRRU 级联接口。

5. eNodeB 侧协议分为 _____ 协议和 _____ 协议,系统业务信号经过用户面协议处理后到达 S-GW。

二、判断题

1. 系统通过 X2 接口与 EPC 相连,完成 UE 请求业务的建立,完成 UE 在不同 eNB 间的切换。　　　　　　　　　　　　　　　　　　　　　　　　　　　　　（　　）

2. 基带处理板 BPL,提供 eRRU 级联接口。　　　　　　　　　　　　　　（　　）

3. eBBU 星状组网方式适合于呈带状分布,用户密度较小的地区,可以大量节省传输设备。　　　　　　　　　　　　　　　　　　　　　　　　　　　　　　（　　）

三、简答题

1. ZTE LTE eBBU + eRRU 分布式基站解决方案具有哪些优势?

2. ZXSDR B8300 TL200 的功能模块包括哪些?

3. CC 单板提供哪些功能?

4. B8300 有哪些常见组网方式?

5. R8962 模块由哪几部分组成?

工程篇

LTE基站开通与维护

引言

　　4G 大规模普及从 2015 年开始,截至 2019 年,国内大大小小的城市居民早就用上了 4G 网络。4G 让人们彻底感受到了互联网的魅力,依托 4G 技术兴起的支付宝、淘宝、抖音等 APP 深刻影响改变着人们的生活。不过,当人们在大谈对 5G 的期待时,中国很多偏远的农村和边疆地区,仍然使用的是 3G 甚至 2G 网络,4G 和互联网对他们来说就是一种奢侈品。

　　针对这一情况,早在 2015 年工业和信息化部就开始了电信普遍业务,前前后后累计投资 400 亿元,实现了全国 13 万个行政村通达电信光纤网络,为边远地区接入互联网尽了很大的努力。不过这些还不够,边缘地区的移动网络覆盖仍是一片空白,为了更好地满足群众对移动互联网的需求,工业和信息化部决定继续深化电信普遍服务,加大落后地区 4G 投入力度,力争在 2020 年实现 98% 的行政村 4G 网络覆盖率,连中国最南边的三沙市也能用上 4G 服务。

　　也就是说 2020 年,5G 正式规模化商用时,全国各地基本都可以使用上畅快的 4G 网络,享受移动互联网带来的快捷与服务,无论你位于海拔五千米以上的青藏高原,还是茫茫草海的内蒙古,抑或是一片汪洋的三沙群岛,只要有人的地方,就会有 4G 网络的覆盖。

学习目标

- 掌握 ZXSDR B8300 设备实现理论与安装注意事项。
- 掌握 LTE 网管网络数据配置。
- 具备业务测试和故障处理等能力。

工程篇 —— LTE基站开通与维护 —— 配置网管数据
业务测试和故障处理

项目八

LTE 基站配置与维护

任务一　配置网管数据

任务描述

基站开通工作通常包括基站的选址和设计、设备安装、光纤接入、设备调试和试运行、基站验收和入网以及基站维护等环节,本任务按照流程完成基站开通并掌握网管启动、数据配置、参数配置等工作流程。

任务目标

- 掌握:基站开通流程。
- 领会:基站网管数据配置流程。
- 掌握:配置服务小区时配置的主要参数。
- 掌握:B8300 单板槽位配置原则。

任务实施

一、掌握基站开通流程

新建基站的开通通常是由基站的选址和设计、设备安装、光纤接入、设备调试和试运行、基站验收和入网以及基站维护环节构成,主要涉及设计院、运营商、设备商、工程局、监理公司等。下面来简单介绍一下大体流程。

（一）基站的选址和设计

基站的选址和设计一般是由运营商和设计院配合完成的。通常是先由运营商网络部查看现网中的实际情况,在覆盖盲区或者网络拥塞较大的区域中心选定一个站址,然后由设计院负责勘查现场实际情况,出现场的图纸和文件,指导后续的施工。

（二）设备安装和光纤接入

基站的设备安装和光纤接入是由工程局来完成的。在基站选址和设计完成以后,工程局按照设计院的图纸和文件来安装硬件设备,包括机房的主设备、电力设备、传输设备、告警设备、防雷设备、天面设备等。

（三）设备调试和试运行

设备调试是由设备厂家督导、工程局以及工程监理来共同完成的。督导负责指导安装、设备的软件调试和故障排查。工程局负责硬件的安装和配合处理故障。工程监理负责记录施工过程是否符合规范,设备调测后试运行是否正常。

设备调试完成后要进行试运行检验。试运行是激活基站设备,通过拨打测试和上网测试检验基站是否正常运行,是否有故障。

（四）基站验收和入网

基站验收和入网是由运营商和优化部门共同来完成的。基站设备调试完成后,运营商会到现场检查设备安装是否符合规范,设备运行是否正常。如果验收不合格,就需要施工单位和设备厂家重新整改;如果验收合格了,设备就可以交付,并由优化部门将设备上临时的数据改成正式的数据,将基站加入到现网中。

二、网管启动与登录

设备加电正常运行之后,就可以启动网管。先打开服务端,再打开客户端,服务端运行起来后,客户端才能登陆成功。服务器图标如图8-1-1所示。

（一）服务端的启动

首先双击打开客户端,当见到操作结果显示成功时,说明服务器启动成功,可以启动客户端,并连接服务器。

（二）用户端的登录

双击打开用户端,填入服务器地址为安装网管时的IP地址,用户名为admin,密码为空。用户端登录界面如图8-1-2所示。

图8-1-1　服务器图标

图8-1-2　客户端登录界面

三、掌握数据配置流程

（一）配置管理概述

基站配置主要包括:平台设备资源配置、平台属性配置和无线资源配置,如图8-1-3所示。

（二）基站配置流程

基站配置流程如图8-1-4所示。

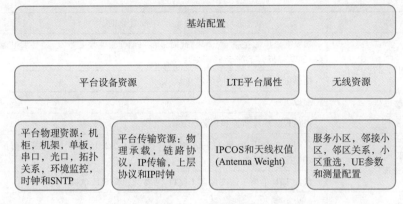

图 8-1-3　基站配置

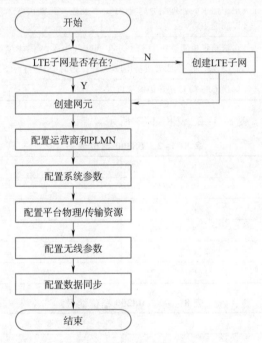

图 8-1-4　基站配置流程

四、配置参数介绍

（一）硬件配置原则

（1）eBBU 单板配置原则，如表 8-1-1 所示。

表 8-1-1　eBBU 单板配置原则

名　　称	配　置　原　则
控制与时钟模块 （CC3\CC16）必配	默认 1 块，如果要求主控板主备，则配 2 块；如果单 BBU 要求 GPS 主备，则配 2 块
	BBU 核心，提供主控时钟功能

续表

名　称	配置原则
电源模块 （PM9\PM3）必配	如果要求电源主备，配2块，此时最多只能配置4块基带板；如要求电源负荷分担，配2块；如基带板大于等于5，配2块
	提供电源
现场告警模块 （SA）必配	配置1块
	提供现场环境监控和告警
现场告警扩展模块 （SE）选配	只有1个BBU，且要求2路RS232/485接口，或16路干接点需求时配置；要求16路E1/T1接口时配置
	目前LTE单模不需要配置E1/T1，通常无须配置此单板
风扇模块 （FA）必配	配置1块
	提供风扇控制单板温度
基带处理板 （BPL）必配	根据需求的处理能力配置BPL；一般最大配置6块；特殊情况下，经过系统人员确认，可以满配10
	每块基带板支持3个2天线20 Mbit/s小区，或者1个8天线20 Mbit/s小区
UCI选配	需要支持北斗，或者支持GPS光纤拉远时配置，与GPS光纤天线数量相同
	提供GPS信号光纤传输接口

（2）eBBU槽位编号，如表8-1-2、表8-1-3所示。

表8-1-2　B8300 槽位编号

PM-1 单板槽位	6	12	
	5	11	
PM-2 单板槽位	4	10	
	3	9	FA 槽位
SE 单板槽位	2（CC）	8	
SA 单板槽位	1（CC）	7	

表8-1-3　B8200 槽位编号

PM-1 单板槽位	4	8	
	3	7	
PM-2 单板槽位	2（CC）	6	FA 槽位
SA 单板槽位	1（CC）	5	

（3）eBBU单板槽位配置原则，如表8-1-4、表8-1-5所示。

表8-1-4　B8300 槽位配置

PM-1 单板槽位	BPL-9：小区9	BPL-5：小区5	
	BPL-8：小区8	BPL-4：小区4	
PM-2 单板槽位	BPL-7：小区7	BPL-3：小区3	
	BPL-6：小区6	BPL-2：小区2	FA 槽位
SE 单板槽位	CC-2	BPL-1：小区1	
SA 单板槽位	CC-1	UCI	

表 8-1-5　B8200 槽位配置

PM-1 单板槽位	BPL-5:小区 5	BPL-3:小区 3	
PM-2 单板槽位	BPL-4:小区 4	BPL-2:小区 2	FA 槽位
	CC-2	BPL-1:小区 1	
SA 单板槽位	CC-1	UCI	

（4）射频资源配置，如表 8-1-6 所示。

表 8-1-6　射频资源配置

项　　目	配 置 原 则	说　　明
射频资源号	从 1 开始，依小区顺序依次编号	取值范围为 0 ~ 107，为了与 CELL 一一对应，规范从 1 开始编号射频资源
RRU 信息描述	添加该 RRU 服务小区标识，如 CELL X，X 为小区 ID	为了操作维护时尽快识别故障小区的射频资源，或故障射频资源对应的小区
RRU 硬件类型编号	选择相应 RRU 型号	
本 RRU 支持的天线数目	R8928 选择 8，R8962 选择 2	选择该 RRU 最大支持的天线数（注意：不是实际使用天线数）
RRU 内部通道数目	R8928 选择 8，R8962 选择 2	选择该 RRU 最大支持的通道数（注意：不是实际使用通道数）
RRU 组网方式	BBU 与 RRU 使用一对光纤时配置"普通模式"，如使用两对收发光纤则配置"负荷分担模式"	暂不支持级联、主备模式
是否设置了 RRU 主光口号	未设置	暂不支持级联、主备模式，无须设置此项

（5）RRU 天线组配置，如表 8-1-7 所示。

表 8-1-7　RRU 天线组配置

项　　目	配 置 原 则	说　　明
射频资源号	引用该配置对应的射频资源	取值范围为 0 ~ 107，为了与 CELL 一一对应，规范从 1 开始编号射频资源
天线组号	默认 0	天线组号在射频资源内唯一即可，默认一个 RRU 配置一个天线组，因此其编号统一为 0
通道集天线类型	1、2 天线选择分布式天线，4 天线及以上选择智能天线	具体请参考"不同天线配置的 RRU 配置说明"
通道集内的上行通道	根据实际连接的通道选择上行通道	2 天线 RRU 可支持 2、1 两种通道配置，8 天线 RRU 可支持 8、4、2、1 四种通道配置，此处选择接天线的 RRU 射频端口。例如，日本 T1 项目 R8928 使用 0、2、4、6 这 4 个通道接 4 天线，则在相应通道前打钩
通道集内的下行通道	根据实际连接的通道选择下行通道	通道数目不能超过上行配置

（6）光纤射频资源配置，如表 8-1-8 所示。

表 8-1-8　光纤射频资源配置

项　目	配　置　原　则	说　明
单板名称	选择此光纤射频资源关系的所属基带单板	根据实际组网配置进行配置
光口编号	选择基带板所用光口编号	根据实际组网配置进行配置,参考基带资源配置部分
RRU 级联号	选择 RRU 所用光口编号	根据实际组网配置进行配置
射频资源号	选择此光纤射频资源关系的所用的射频资源	根据实际组网配置进行配置

（7）小区天线属性配置,如表 8-1-9 所示。

表 8-1-9　小区天线属性配置

项　目	配　置　原　则	说　明
智能天线生产厂商名称	根据使用天线实际情况配置天线厂商	如果列表无实际使用天线型号或无法获得天线型号,则配置为默认
天线类型	全向小区选择全向分集,定向小区使用阵列天线时选择定向阵列,其他为定向分集	支持定向阵列、定向分集和全向分集 3 种类型

（二）全局资源配置参数

（1）用户标识基本命名规范,如表 8-1-10 所示。

表 8-1-10　用户标识基本命名规范

项　目	命　名　规　范	命　名　说　明
子网用户标识	运营商_城市_制式_局号	运营商为该网络所属运营商;城市为该网络所在的城市;制式一般为 TD-LTE,特殊情况有其他名称,如 LTE TDD, A-XGP 等为该网络;网络属性即该网络是实验局还是商用局;局号为该 OMM 编号。例如,中国移动_厦门市_TD-LTE_1、SoftBank_Tokyo_A-XGP_2、TMCZ_Praha_LTE TDD_3
eNodeB 管理网元用户标识	5 位 eNode B ID_eNodeB 名称	5 位 eNode B ID 必须是 5 位,不足 5 位在前面补 0;eNode B 名称为该站点的名称。例如,00123_厦门市政府,01234_神谷町,12345_Roztyly
小区标识	5 位 eNodeB ID_eNodeB 名称_小区+ID	5 位 eNodeB ID 必须是 5 位,不足 5 位在前面补 0;eNodeB 名称为该小区所属站点的名称;小区+ID 为"小区"加上本小区的 ID 标识,中文"小区 X",英语"CellX"。例如,00123_厦门市政府_小区 1,01234_神谷町_Cell2,12345_Roztyly_Cell2

（2）全局资源配置原则

全局资源配置原则如表 8-1-11 所示。

表 8-1-11　全局资源配置原则

项　目	配　置　原　则	说　明
子网号	配置该局 OMM ID	如果该局仅一个 OMM,则默认配置为 0,如果有多个 OMM 则配置为 OMM 编号

续表

项　目	配置原则	说　明
NTP Server 地址	默认 OMM 服务器地址	基站 NTP 服务器地址,用以获得 NTP 同步,通常配置为 OMC 服务器 IP 地址,需于 eNodeB IP 同网段,能自由通信
设置时钟参考源	GPS、1588 二选一,根据实际情况配置	基站正常工作时,需要跟踪外部的时钟来对自身的主时钟频率进行校正,所依据的外部时钟被称为时钟参考源。在基站开始正常运行前,必须为基站设置合适的时钟参考源
IP 时钟参数	1588 同步时配置	配置 1588 时钟的来源 IP 参数

（三）传输资源配置参数

1. GE 参数配置

GE 参数只能配置 1 条。外场应用时,常见对端设备不支持自适应模式或不能识别本端自适应模式,这时需要将 GE 口工作模式修改为协商的模式。传输带宽不受限时,默认带宽即可;传输带宽受限时,则需要配置为所分配的带宽。GE 参数配置如表 8-1-12 所示。

表 8-1-12　GE 参数配置

GE 参数	配置原则	说　明
工作模式	默认自适应;如有特殊需求则配置为相应匹配模式	工作模式:自适应\10 Mbit/s 全双工\10 Mbit/s 半双工\100 Mbit/s 全双工\100 Mbit/s 半双工\1 000 Mbit/s
配置的带宽	默认 1 000 000 kbit/s;如有特殊需求则配置为相应传输带宽	带宽范围:0～1 000 000 kbit/s

2. 全局端口配置

全局端口可以配置多条,以工作模式、GE 端口号和 VLAN ID 来唯一识别,默认不开启 VLAN,仅需要配置一条。如果未启用 VLAN,则仅能配置一条 IP over Ethernet 或 IP over PPP 模式的全局端口参数。可用通过 VLAN 划分多条全局端口分配给用户面、控制面、OAM 等使用。全局端口配置如表 8-1-13 所示。

表 8-1-13　全局端口配置

全局端口参数	配置原则	说　明
工作模式	默认 IP over Ethernet;如为 PPP 传输模式则配置为 IP over PPP	IP over Ethernet 的承载可以使用 VLAN 方式;PPP 的承载不能使用 VLAN 方式
GE 端口号	引用 0	BBU 仅能配置一条 GE,即 0 号 GE 端口
是否使用 VLAN	默认不启用 VLAN;有 VLAN 需求时配置启用	配置传输是否使用 VLAN,为下面两个参数的使能开关
是否为用户面 VLAN	"是否使用 VLAN"配置为是时,才能配置此参数,根据实际配置	传输启用 VLAN 时,此 VLAN 是否仅作用户面 VLAN
VLAN ID	"是否使用 VLAN"配置为是时,才能配置此参数,根据实际配置	VLAN ID 为该 VLAN 的唯一识别码,需要配置协商值

3. IP 参数配置

如果启用了 VLAN,eNode B 中所有全局端口可以共用一个 IP 地址。子网掩码保证基本的同网段,如果运营商分配地址不是全部同网段,则需要架设路由器。IP参数配置如表8-1-14所示。

表8-1-14　IP参数配置

IP参数	配置原则	说明
全局端口号	对全局端口参数的引用,选择需要配置IP参数的全局端口号	该参数将GE口和VLAN ID绑定引用到相应的全局端口
IP地址	172.18.(eNodeB ID/100).(if(eNodeB ID% 100 = 0,100,eNodeB ID% 100)),(如eNodeB ID为1234,则IP为172.18.12.34;如eNodeB ID为5 600,则IP为172.18.56.100);如运营商有特殊要求则以运营商规划为准	划分VLAN时,可以所有全局端口共用一个IP地址;如果此IP地址由运营商规划,则必须保证此IP地址与其他eNode B、EPC、OMC网元IP地址同网段或者能互相通信
子网掩码	默认配置为255.255.0.0;如运营商有特殊要求则以运营商规划为准	此参数是保证本eNode B IP地址能与其他eNodeB、EPC、OMC网元IP地址同网段或者能互相通信的基础
网关地址	默认为172.18.0.101-140(OMC服务器地址);如运营商有特殊要求则以运营商规划为准	目前默认配置OMC服务器地址
配置的带宽	不启用VLAN时,仅有的一条全局端口占有所有传输带宽;启用VLAN时,多个全局端口的带宽之和不能大于GE参数配置时配置的带宽	所有全局端口的带宽之和不能大于GE参数配置时配置的带宽

4. SCTP参数配置

目前偶联配置为四元组合,本端IP、本端端口号、对端IP和对端端口号共同识别一条偶联,因此4个参数有一个不同即可建立另外一条偶联。默认连接一个MME配置一条S1口偶联,X2口偶联根据实际需要配置,所有偶联可以共用本端参数。SCTP参数配置如表8-1-15所示。

表8-1-15　SCTP参数配置

SCTP参数	配置原则	说明
偶联号	连接一个MME时,0用于S1口偶联,1~35用于X2口偶联;连接N个MME时,前N个编号用于S1口偶联,N~35用于X2口偶联	偶联标识号,后续在配置中被引用
本端IP地址	S1口偶联选择用于与MME偶联的IP地址;X2口偶联选择用于与相应eNode B通信的IP地址	通常S1口和X2口共用一个IP地址
本端端口号	默认配置10000 + eNode B ID;如运营商有特殊要求则以运营商规划为准	通常S1口和X2口共用一个本端端口号
远端IP地址	S1口偶联远端IP地址由核心网侧规划给出;X2口偶联远端IP地址配置对端eNode B的IP地址	X2口偶联,对端IP地址也可参照172.18.(eNodeB ID/100).(if(eNodeB ID% 100 = 0,100,eNodeB ID% 100)公式得出,其中eNodeB ID为对端eNodeB ID;如IP地址为运营商规划,则配置相应值

SCTP 参数	配置原则	说　明
远端端口号	S1 口偶联远端端口号由核心网侧规划给出；X2 口偶联远端端口号配置对端 eNode B 的本端端口号	X2 口偶联，对端端口号也可参照 10000 + eNode B ID 公式得出，其中 eNode B ID 为对端 eNode B ID；如果端口号为运营商规划，则配置相应值
偶联号	选择本流参数对应的偶联的偶联号	引用对应偶联，此条流信息将建立于该偶联上，仅对 S1 口偶联有效
流 ID	默认编号值	流标识
用户类型	有公用信息流和专用信息流两种用户类型	对于 S1 口来说，需要配置一条公用信息流和至少一条专用信息流

5. 静态路由参数配置

当 MME\S-GW 的信令面 IP 和媒体面 IP 与 S1 口相应端口的 IP 地址在同一网段时，不需要配置静态路由。按需配置，可配置多条点对点静态路由，也可以配置到对端网段静态路由。静态路由配置如表 8-1-16 所示。

表 8-1-16　静态路由参数配置

静态路由参数	配置原则	说　明
全局端口号	引用对端通信的全局端口	
目的网络	配置该全局端口的对端网元（MME\S-GW）的目的 IP 地址，由核心网侧规划给出	通常为一个网段
网络掩码	配置该全局端口到对端网元（MME\S-GW）目的 IP 的网络掩码，由核心网侧规划给出	需要与目的 IP 匹配
下一跳网关地址	配置该全局端口的对端网元（MME\S-GW）的接口 IP	该 IP 需要能与该全局端口的 IP 自由通信

6. OMC 参数配置

OMC 参数最多可以配置两条。eNode B 仅跟此处配置的"OMC 的 IP 地址"的主机进行 OAM 交互，如表 8-1-17 所示。

表 8-1-17　OMC 参数配置

OMC 参数	配置原则	说　明
基站内部 IPID	选择用于 OAM 的全局端口的 IP 地址	—
OMC 的 IP 地址	配置 OMC 服务器地址	OMC 的 IP 地址默认为 172. 18. 0. 101～140；如运营商有特殊要求则以运营商规划为准
QoS	默认 184	—

（四）邻接网元配置参数

该配置的目的是定义偶联的对端网元属性，如表 8-1-18 所示。

表8-1-18　邻接网元配置

邻接网元配置	配 置 原 则
偶联号	引用定义邻接网元的偶联
网元类型	S1口偶联配置为MME,X2口偶联配置为eNode B

（五）小区配置参数

（1）基带资源配置如表8-1-19所示。

表8-1-19　基带资源配置

基带资源配置	配 置 原 则	说　　明
单板名称	选择该小区所占用的BPL单板基带资源	配置小区时,必须先配置基带资源,然后才能进行天线、端口等配置

（2）其他参数配置如表8-1-20所示。

表8-1-20　其他参数配置

参　　数	配 置 原 则	说　　明
小区标识	BBU上的第一个小区配置为1,第二个配置为2,依次最大到255;如运营商有特殊要求则以运营商规划为准	0～255,小区标识在eNode B内唯一即可,eNodeB ID + CELL ID组成全局唯一的标识CGI
标识小区的物理层小区标识号	以网络规划为准	0～503,共504个,分168组,每组3个。开局时可随机配置;开局完成后需要修改为网络规划值
TA码	以运营商规划为准,默认配置1	0～65 535
上下行载频所在的频段指示	以运营商规划为准,要与RRU能力匹配	33～40
中心载频	以运营商规划或者网络规划为准,要与RRU能力匹配	根据频段指示的取值范围不同(32:2545～2575,33:1900～1920,34:2010～2025,35:1850～1910,36:1930～1990,37:1910～1930,38:2570～2620,39:1880～1920,40:2300～2400) MHz,step 0.1 MHz
小区系统频域带宽/Mbit/s	以运营商规划或者网络规划为准,要与RRU能力匹配	enumerate(1.4 M(6RB),3 M(15RB),5 M(25RB),10 M(50RB),15 M(75RB),20 M(100RB))
上下行子帧分配配置	以运营商规划或者网络规划为准,默认为1	0～6
特殊子帧模式	以运营商规划或者网络规划为准,默认为7	0～8
小区支持天线端口数	外场默认配置为2;仅接一根天线进行测试时配置为1	1、2、4、8

（六）IP参数

（1）无线侧IP参数规划如表8-1-21所示。

表 8-1-21　无线侧 IP 参数规划

基站 IP 地址规划	X. X. 0. 0 网段内自行规划	如果运营商有规划,则由运营商提供(可提供网段,也可提供各个站点具体 IP;基站侧用户面\控制面\O&M\时钟同步等通道可使用不同接口 IP,也可共用一个接口 IP);否则设备商自行规划(172.18.0.0 网段)
基站 IP VLAN 规划	自行规划	如果运营商有规划,则由运营商提供;否则设备商自行规划(多通道共用 IP 地址,使用不同 Vlan)
OMC 服务器南向 IP 地址	自行规划	如运营商有规划则由运营商提供;否则设备商自行规划(172.18.0.0 网段)
OMC 服务器北向 IP 地址	10. X. X. X	由运营商规划提供
OMC 客户端 IP 地址	10. X. X. X	由运营商规划提供

(2)S1 口 IP 参数规划如表 8-1-22 所示。

表 8-1-22　S1 口 IP 参数规划

MME 与 eNodeB 接口 IP 地址	X. X. 0. 0 网段内自行规划	如果运营商有规划,则由运营商提供;否则设备商自行规划或者与核心网侧协商确定
S-GW 与 eNodeB 接口 IP 地址	X. X. 0. 0 网段内自行规划	如果运营商有规划则由运营商提供;否则设备商自行规划或者与核心网侧协商确定
MME 控制面 IP 地址与掩码	10. X. X. X	如果运营商有规划则由运营商提供;否则由核心网侧提供
S-GW 用户面 IP 地址与掩码	10. X. X. X	如果运营商有规划,则由运营商提供;否则由核心网侧提供

任务小结

通过本任务的学习,可了解基站开通流程,熟悉网管启动与登录等操作,熟悉数据配置流程,掌握关键配置参数。

任务二　业务测试和故障处理

任务描述

本任务学习业务测试和故障处理;掌握并熟练数据上传、数据备份、数据恢复、手机上网测试和手机拨号测试等操作;熟悉业务测试常见故障处理方法。

任务目标

- 识记:常见的 BBU 故障。
- 掌握:GPS 类故障常见现象有哪些。
- 掌握:RRU 链路异常故障。

● 掌握：UE无法接入的原因分析。

任务实施

一、业务测试

（一）数据同步

用户在网管侧对基站进行配置后，配置数据仅保存在网管的数据库中。用户需要执行同步操作，将配置数据更新到基站，使配置生效。数据同步包括整表同步、增量同步、仅生成文件三类操作。

以整表同步为例说明如何执行数据同步操作。整表同步前提：基站主用配置集可用，互斥权限已经申请成功，网元连接正常。整表同步会将所有数据库中的数据同步覆盖至基站并重启基站，有一定的风险。具体操作步骤如下：

（1）选择"配置管理"→"数据同步"命令，如图8-2-1所示。

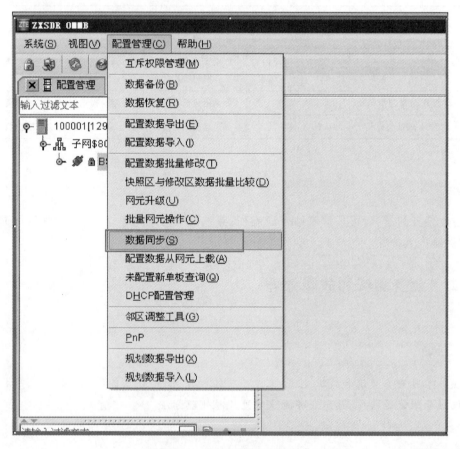

图 8-2-1　选择"数据同步"命令

（2）执行同步，结果如图8-2-2所示。

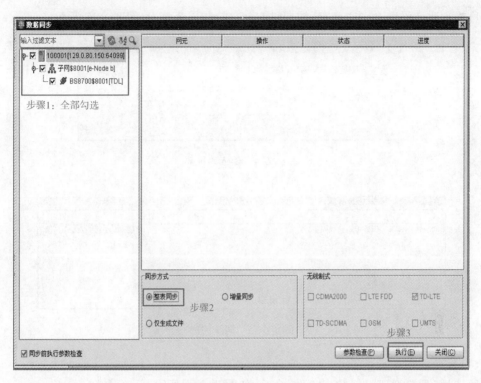

图 8-2-2　执行同步

（3）检查参数，如图 8-2-3 所示。

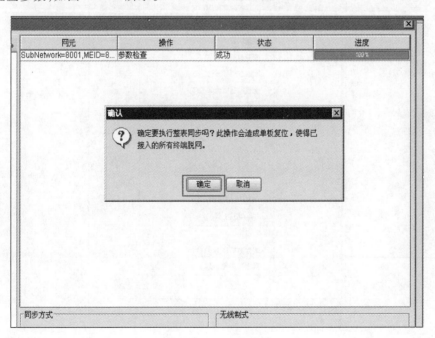

图 8-2-3　检查参数

(4)输入验证码后,单击"确定"按钮,同步完成,如图 8-2-4、图 8-2-5 所示。

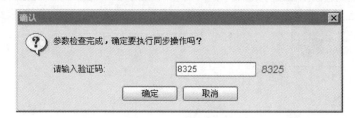

图 8-2-4 输入验证码

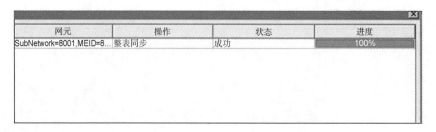

图 8-2-5 同步完成

(二)数据备份

(1)选择"配置管理"→"数据备份"命令,如图 8-2-6 所示。

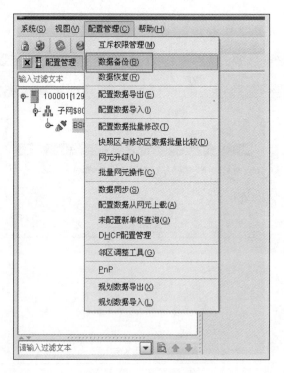

图 8-2-6 数据备份

(2)给文件命名 ,如图 8-2-7 所示。

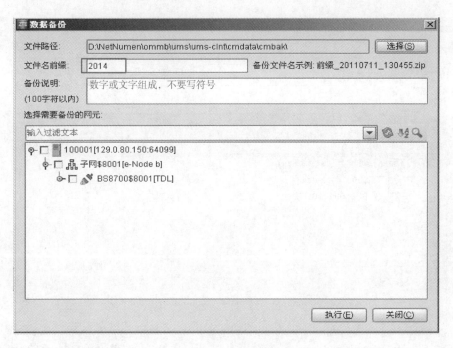

图 8-2-7　文件命名

（3）添加保存路径,如图 8-2-8 所示。

图 8-2-8　选择保存路径

（4）执行备份并显示备份完成,如图 8-2-9、图 8-2-10 所示。

图 8-2-9　执行备份

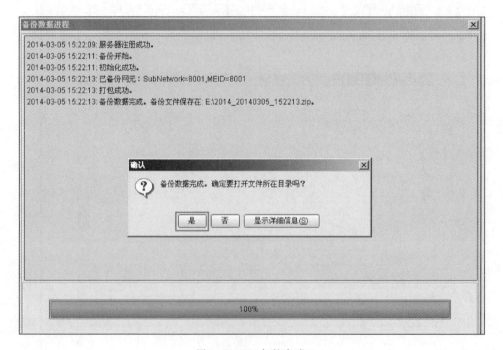

图 8-2-10　备份完成

（三）数据恢复

（1）选择"配置管理"→"数据恢复"命令，如图 8-2-11 所示。

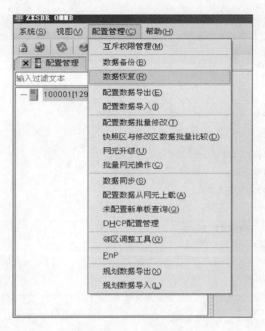

图 8-2-11 数据恢复

（2）找到之前的备份，如图 8-2-12 所示。

图 8-2-12 找到之前备份

（3）勾选需要恢复的网元并单击"执行"按钮恢复数据，如图 8-2-13 所示。

图 8-2-13　执行数据恢复

（4）在打开的对话框中输入验证码（见图 8-2-14），单击"确定"按钮，数据恢复成功界面如图 8-2-15 所示。

图 8-2-14　输入验证码

图 8-2-15　数据恢复成功

（四）手机上网和拨号测试

1．手机上网测试

实际基站开通的时候，需要用现网手机和卡号对基站信号进行测试，直接拨打电话或者上网就可以进行测试。

实验室搭建一整套实验设备，包括核心网、传输网、无线网以及 VOIP 服务器等，这些设备并未与现网设备相连，测试时需要用 ZTE 测试手机和测试卡进行测试。

先把装好测试卡的手机连接到网络，打开手机设置中的移动网络，在网络模式中选择"4G/3G/2G 自动选择"，再启用数据网络连接基站信号。当手机右上角显示 4G 标示时，即为连接成功，此时可以使用浏览器进行上网业务测试，如图 8-2-16 所示。

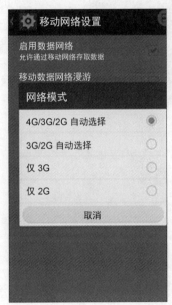

图 8-2-16　手机上网测试

2．手机拨号测试

上网功能测试成功后，还需要对手机进行拨号测试。拨号测试需要两部测试手机，一部拨打，一部接听，网络设置步骤和上网测试相同。

设置好网络以后，需要打开手机桌面 Zoiper 软件，打开软件会显示本机号码就绪，此时就可以使用 Zoiper 软件进行手机拨打测试。手机拨号测试如图 8-2-17 所示。

二、常见故障处理

（一）BBU 相关故障处理思路

常见的 BBU 相关故障包括：硬件单板常见故障，传输类常见故障，GPS 类常见故障等。

1．硬件单板常见故障

（1）CC 单板运行异常。

排查思路：

● 检查 PM 单板运行是否异常，是否正常供电。

● 查看 CC 单板是否正常上电，观察 RUN 灯是否 1 Hz 闪烁。

图 8-2-17　手机拨号测试

- 供电正常情况下,由测试 PC 来对 CC 单板进行 PING 包业务测试。
- 如果 PC 无法 PING 通 CC 单板,则考虑为 CC 板硬件或版本故障。
- 重启及更换 CC 板后,进行整表数据配置。

(2)BPL 单板无法正常上电。

排查思路:

- 检查单板状态,查看 PM 单板运行是否正常。
- 检查单板配置情况,是否在配置界面对应槽位上配置 BPL 单板。
- 重新插拔 BPL 单板,进行上电操作。
- 更换 BPL 单板。

2. 传输类常见故障

传输物理接口,可以是光口和电口。由于目前在后台无法查看当前使用的光口/电口是否正常,故需要通过相关方式去查看目前传输物理接口使用的是光口还是电口,以及判断他们的状态是否正常。

传输物理接口查看方法是在 CC 中输入命令 BspPhystateShow X（X 为网口编号,0 表示 ETH0;1 表示 ETH1\DEBUG）查看当前网口的工作模式。

当传输接口为电口时,如图 8-2-18 所示的电口工作正常且工作模式为 100 Mbit/s 全双工。

当传输接口为光口时,正常工作模式为 1 000 Mbit/s 全双工,如图 8-2-19 所示。

```
CC->BspPhyStateShow 0
Speed: 100M
Duplex mode: Duplex
Link status:
        Copper insert
        Copper link OK
        Link OK
Interface mode: normal
value = 0 = 0x0
CC->
CC->
CC->BspPhyStateShow 1
Speed: 100M
Duplex mode: Half deplex
Link status:
        Copper insert
        Copper link OK
        Link OK
Interface mode: normal
value = 0 = 0x0
CC->
CC->
```

图 8-2-18　查看电口的工作模式

当传输接口异常时,ETH0 口异常、ETH1 口正常,如图 8-2-20 所示。

图 8-2-19　查看光口的工作模式　　　　图 8-2-20　传输接口异常时的查看结果

(1)偶联建立失败。

故障现象:在告警管理中出现 SCTP 偶联的严重警告;使用查看偶联状态的调试命令 showtcb,显示偶联状态为 closed 或 cookie_wait。

原因分析:

● 物理链路故障。由于接入方法和底层链路不稳定,导致不能正常收发数据包;

● 传输参数配置不正确。配置的 IP 参数、静态路由、SCTP 参数和对端不对应,导致偶联不能正常建立;

(2)ARP 表中 MAC 地址不正确。

排查思路:

● 在保证物理链路连接正确的情况下,需要检查传输参数的配置,其中包括 FE 参数、全局端口参数、IP 参数和 SCTP 参数。

● FE 参数和全局端口参数在不使用 VLAN 的情况下,按照默认配置即可。IP 参数为 eNode B 网口的 IP 地址,配置的 SCTP 参数本端端口、对端端口以及对端 IP 要和对端的配置保持对应。不同网段的配置,静态路由参数配置也要正确。

● 使用命令 PrintfArp,查看是否获取到 Mac 地址,如图 8-2-21 所示。

(3)S1 建立故障。

故障现象:S1 断链告警。

排查思路:

● 确定 SCTP 偶联是否正常建立,确保传输层通信正常及相当参数对接正确。

● 检查 RRU 是否启动正常,小区是否正常建立。

● 检查小区 TA 是否配置正确。

(4)X2 建立故障。

故障现象:X2 口—直发送 X2 口建立请求消息。

原因分析:

● 物理层故障,主要指链路不通导致故障。

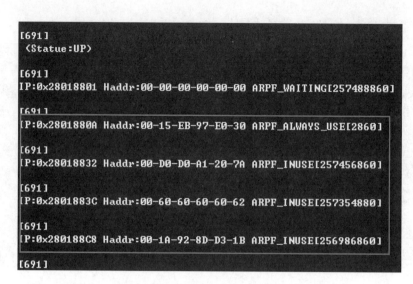

图 8-2-21　查看是否获取到 Mac 地址

- SCTP 参数设置错误。
- 邻接网元未添加。

排查思路：

- 检查一下物理连接是否正常,网卡的指示灯是否都正常,确保物理层连接正常。
- 检查 SCTP 参数是否设置正确。
- 邻接网元是否添加。

(5)IP 地址冲突故障。

故障现象:后台网管上报"IP 地址冲突"告警。

排查思路：

- 在核心网上连接多个 eNB 时,如果配置的 IP 地址没有按照规划好的 IP 地址进行配置,就可能出现配置的两个 eNB 的 IP 地址相同。eNB 在启动后,发送 ARP 请求,检查是否有和自己相同的 IP 地址,如果有,这时就会出现 IP 冲突的现象。
- 按照参数对接表对基站的 IP 地址进行检查,纠正错误的 IP 地址配置。

3. GPS 类常见故障

首先来看一下 GPS 的外观,如图 8-2-22 所示。

GPS 类故障常见现象有 GPS 天线连接开路、GPS 天线连接短路、与 GPS 卫星接收模块通信链路中断、GPS 卫星丢失。针对 GPS 状态异常的故障,主要考虑 GPS 物理连接方面的问题。

(1)与 GPS 模块通信链路中断:一般不会出现,若出现考虑换 CC 单板。

(2)GPS 天线连接开路、短路:物理连接方面的问题,排查方法主要采用电压和电阻测

图 8-2-22　GPS 的外观

量法。

（3）针对 GPS 故障告警中"GPS 卫星丢失告警"：一般出现不用管。如果上述告警一直不消除，考虑更换 CC 单板。若上述告警长时间反复出现，说明 GPS 位置不好，或者是线缆接触不好。

（4）针对 GPS 天线及线缆故障，排查方法主要采用电压和电阻测量法。

电压测量法：一般情况下在机顶 GPS 避雷器、干路放大器、功分器、GPS 接收机等位置的 GPS 馈线各接线头处，GPS 天线的芯线和屏蔽套间的电压都保持在 4.6~5.4 V 之间。

我们可以通过分别测量各个地方的电压来定位故障。例如，在 Node B 机顶的 GPS 天馈接线柱上量得电压是 4.9 V，加上功分器后，在功分器接 GPS 天馈的接头处量得电压是 4.2 V，就可以确定功分器肯定有问题。

电阻测量法：将万用表电阻的量程调到 20 kΩ 电阻挡（注意由于 GPS 天线是有极性的，所以万用表的表笔的红（正）笔和黑（负）笔测试的方向不同，数值也就不同）。

将红（正）笔接 GPS 天线的 N 头的芯线，黑（负）笔接 GPS 天线的 N 头的屏蔽地，记下几个 GPS 天线的等效电阻值 R1。将黑（负）笔接 GPS 天线的 N 头的芯线，红（正）笔接 GPS 天线的 N 头的屏蔽地，记下几个 GPS 天线的等效电阻值 R2。

正常情况下，同一品牌的不同 GPS 天线的 R1 或 R2 的电阻值，应该都是在很小的范围内变化。如果某个 GPS 天线和同一品牌的其他 GPS 天线的 R1 或 R2 的电阻值有明显不同，或者 R1 和 R2 的电阻值差异较大（应该在同一数量级），该 GPS 天线肯定有问题，应更换该天线。

（二）RRU 相关故障处理思路

常见的 RRU 相关故障包括：RRU 链路异常故障、RRU 无法进入工作状态、RRU 驻波比告警等。

以 R8962 为例介绍 RRU 的调试方法。R8962 本地操作维护口为以太网电口，连接 R8962 的方法：PC 网口直连，Telnet 登录 RRU 的 IP 为 199.33.33.33，用户名密码均为 zte；RRU 也支持 Telnet 从 CC 远程登录，IP 由 CC 分配给 RRU 的光网口 IP 决定。例如，telnet 200.X.0.1，第二位为 BPL 单板所在槽位号，第三位为 RRU 连接的光口号，依次为 0、1、2。

1. RRU 链路异常故障

故障现象：RRU 启动后，在 BBU 上显示 RRU 链路一直处于异常状态。RRU 则反复重启。

排查思路：

● 检查光模块是否安装正确。

● 检查光纤是否损坏，如果可能，在 BBU 侧和 RRU 侧分别进行环回测量，或者在 BBU 侧和 RRU 侧交叉光纤测试以定位故障时出在 BBU 侧还是 RRU 侧。

● 检查 RRU 的光口是否连接正确，RRU 的第三个光口不可用于建链。

● 输入 SVI，确认 RRU 版本是否正确。

● 在 EOMS 上确认，RRU 所连接的 BBU 光口是否已经配置了 RRU。

● 在 EOMS 上确认，RRU 的实际型号与配置的型号是否符合。

● BBU 和 RRU 均掉电复位后，继续观察。

2. RRU 无法进入工作状态

● 故障现象：RRU 与 BBU 已经建链，使用 STA 命令查看，RRUStat：Remote Cfg，5 min 以上停留在此状态中。

- 排查思路:
- 检查天线和光纤配置是否出错,若为 20 Mbit/s 带宽小区,8 根天线全配,则需要 2 对光纤。
- 若为 10 Mbit/s 带宽小区,则光纤必须插在 BBU 光口 0 上。
- 上述配置无误的情况下,单根天线配置为分布式天线类型,多根天线配置为智能天线。
- 以上均无问题,则尝试更换 RRU。

3. RRU 驻波比告警。

故障现象:后台出现驻波比告警。

排查思路:

- 检查外部射频线缆连接不良,线缆断开,或者线缆质量存在问题。
- 重新连接故障通道的线缆或者更换该通道射频线缆。
- 如果 8 个通道同时出现驻波告警,请重新连接校正通道的线缆或者更换校正通道射频线缆。
- 如果以上步骤没有解决问题,可能内部线缆出现问题,需要更换 RRU 整机。

（三）操作维护相关故障处理思路

操作维护的常见故障包括:eNodeB 与 OMC 断链、LMT 无法登录、远程 LMT 登录出现 FTP 上传失败,网管软件无法启动等。

1. eNodeB 与 OMC 断链

故障现象:网管界面上,前后台无法正常建链。

排查思路:

- 检查物理线缆连接及硬件单板是否存在异常。
- 检查全局端口中对应操作维护的 VLANID 是否配置正确。
- 检查 IP 参数中配置的操作维护 IP 地址是否配置正确,并与全局端口中的操作维护 VLAN 对应正确。
- 检查 OMC 参数中的基站内部 IP 与 OMC 的 IP 地址等是否配置正确。
- 检查在 OMC 配置管理中观察创建 eNodeB 时 IP 地址(见图 8-2-23)是否与 eNodeB 的操作维护 IP 一致。

图 8-2-23　创建 eNodeB 时 IP 地址

2. LMT 无法登录

故障现象:LMT 无法登录成功。

排查思路:

- 确认网线是否存在故障。
- 确认 ETH1 口工作正常。
- 确认测试 PC 的 IP 地址配置正确,与基站在同一网段。
- 确认 LMT 版本与基站版本一致。
- 确认测试 PC 未开启其他 FTP 服务器程序。
- 重启基站。

3. 远程 LMT 登录出现 FTP 上传失败

故障现象:远程 LMT 登录基站,出现 FTP 上传失败故障。

排查思路:

- 远程 PC 的 21 号端口被占用,对这种情况下,打开 PC 的任务管理器查看是否已经启动过别 FTP 服务器进程,类似 ftpserver 名称,如果有,关闭这个进程,然后重新打开 EOMS 即可。如果任务管理器中没有找到别的 FTP 服务器进程,也可以重启 PC。
- BBU 出现故障,尝试复位基站。

4. 网管软件无法启动

故障现象:网管软件无法正常启动。

排查思路:

- 数据库连接失败。
- 查看系统服务中,是否已经启动 oracle 相关服务(OracleDBConsole ∗ ∗ ∗ ,OracleOraDb10g_home1TNSlistener,oracleService ∗ ∗ ∗ 等(∗ ∗ ∗ 为数据库实例名)),确保相关服务改为自动启动。
- 利用 Sqlplus 命令连接数据库查看。如果能够进入数据库中表明连接正常。如果不能进入需要查看监听程序以及服务程序配置是否成功。
- 使用 lsnrctl stat 命令检查监听状态。
- 杀毒软件或防火墙导致启动故障。

(四)业务类相关故障处理思路

业务类的常见故障主要包括:小区建立故障、UE 搜不到网络、UE 无法接入、S1/X2 切换失败等。

1. 小区建立失败

故障现象:小区建立失败。

原因分析:

- 物理层故障,主要指单板状态异常、RRU 状态异常或光口链路不通导致故障。
- 子系统异常,主要指小区建立时各个子系统反馈给 RNLC 的响应消息不是成功响应。可能是各子系统异常。
- 参数配置异常,主要指小区参数配置异常。小区建立涉及参数较广需要根据告警信息和子系统反馈响应结合排查。

排查思路:

- 检查物理连接是否正常,单板的指示灯是否都正常,确保物理层连接正常。
- 检查单板状态是否正常;通过查看后台上单板状态检测图,也可以查看告警信息是否存在单板状态异常告警。

● 检查光口链路,通过后台告警信息,查看是否存在光口链路告警信息。

2. UE 搜不到网络

故障现象:UE 搜不到网络。

原因分析:

● UE 下行同步有两种概念:一种是下行主辅同步;另一种是在此基础上要考虑广播信息是否解对。

● 下行主辅同步依赖于小区的频点,如果主辅同步成功,可以获得小区的带宽和物理小区 ID;如果失败,可能的原因是频点设置不对。

● 属于小区广播接收不到的情况,可以查看 MIB 和 SIB 信息,MIB 信息包括小区带宽和功率参数等内容。如果 MIB 解不到,有可能是高层的信息包存在参数异常。

排查思路:

● 检查光纤是否插对位置。小区索引要和光口号保持一致(光口从左至右分别为 2、1、0),同时注意 BPL 板上的光纤指示灯,间隔 1 s 的闪烁表示光纤链路正常。

● 确认 eRRU 的射频工作正常,工作带宽及频点设置在允许的动态范围内。

● 检查控制面小区、FPGA 小区是否建立成功。

● 更换终端。

3. UE 无法接入

故障现象:UE 无法接入。

原因分析:

● 小区没有建立起来。

● 小区资源不足。

● 功率过载。

● UE 没有放号。

用户余额不足。

排查思路:

● 查看小区是否建立成功。

● 在核心网上查看该 UE 的信息,看该用户能否可以接入。

● 查看小区是否有功率过载等告警信息。

● 在 OMC 上对该 UE 进行业务观察,看具体是什么失败。

● 如果是接纳失败,查看小区资源是否不足。

● 如果定时器超时,确认是否无线覆盖差。

4. S1/X2 切换失败

故障现象:用户在移动过程中,或者在某些交叉路口时,UE 的流量时好时断,时大时小。

原因分析:

● 无线环境不好,存在干扰。

● 邻区漏配。

● 切换门限配置不合理。

排查思路:

● 在 OMC 上查看切换的业务观察,看该 UE 是否有切换失败。

- 如果该 UE 有切换失败的业务观察,则确认切换的失败原因。
- 如果是接纳失败,查看小区资源是否不足或者功率不足等。
- 如果定时器超时,确认切换门限配置是否合理。

任务小结

通过本任务的学习,可掌握数据上传、数据备份、数据恢复、手机上网测试和手机拨号测试等操作,以及业务测试常见故障处理方法。

※思考与练习

一、填空题

1. 新建基站的开通通常是由基站的选址和设计、_____、光纤接入、_____和试运行、_____和入网以及基站维护环节构成。

2. 基站配置主要包括:_____、平台属性配置和_____。

3. 当 MME\S-GW 的信令面 IP 和媒体面 IP 与 S1 口相应端口的 IP 地址在同一网段时,不需要配置_____。

4. 常见的 BBU 相关故障包括:硬件单板常见故障、_____、_____等。

二、简答题

1. 简述基站开通流程。

2. 请画出基站配置流程。

3. 故障现象:后台网管上报"IP 地址冲突"告警,该如何排查故障?

4. 简述 RRU 相关故障处理思路。

5. 故障现象:后台出现驻波比告警,该如何排查故障?

附录

英文缩略语

英 文 缩 写	英 文 全 称	中 文 全 称
A		
AAL	ATM Adaptation Layer	ATM 适配层
AAL2	ATM Adaptation Layer type 2	ATM 适配层类型 2
AAL5	ATM Adaptation Layer type 5	ATM 适配层类型 5
AICH	Acqueisition Indecator Channel	接入指示信道
ALCAP	Access Link Control Aoolication Part	接入链路控制应用部分
AMR	Adaptive Multi-Rate	自适应速率
ATM	Asynchronous Transfer Mode	异步转移模式
B		
BCH	Broadcast Channel	广播信道
BFN	Node B Frame Numeber Counter	Node B 帧号计数器
BSC	Base Station Controller	基站控制器
BSS	Base Station Subsystem	基站子系统
C		
CBC	Cell Broadcast Center	小区广播中心
CBS	Cell Broadcast Servicer	小区广播业务
CC	Call Control	呼叫控制
CFN	Connection Frame Number	连接帧号
CN	Core Network	核心网
CRC	Cyclic Redundancy Check	循环校验
CRNC	Controlling RNC	控制 RNC
CS	Circuit-Switched	电路交换
D		
DCH	Dedicated Channel	专用信道
DPC	Destination Point Code	目的信令点编码
DRNC	Drift RNC	漂移 RNC
DRX	Discontinuous Reception	非连续接收

英文缩写	英文全称	中文全称
F		
FACH	Forward Access Channel	前向接入信道
FDD	Frequency Division Duplex	频分双工
FER	Frame Error Rate	误帧率
G		
GPRS	General Packet Radio Service	通用分组无线服务
GTP-U	User Plane Part of GPRS Tunnelling Protocol	GPRS 隧道协议用户面部分
I		
IE	Informatica Element	信息单元
IMSI	International Mobile Station Identity	国际移动台标识
IP	Internet Protocol	互联网协议
ISUP	Integrated Services Digital Network User Part	ISDN 用户部分
ITU-T	ITU-T for ITU Telecommunication Standardization Sector	国际电信联盟电信标准分局
IU	Iu Interface	CN 和 RNC 之间的接口
L		
LAI	Localtion Area Identity	位置区码
M		
MAC	Medium Access Control	媒体接入控制
MIB	Master Informatica Block	主信息块
MM	Mobility Management	移动性管理
MSC	Mobile Swith Center	移动交换中心
MSU	Message Signalling Unit	消息信令单元
MTP	Message Transfer Part	消息传递部分
N		
NAS	Non-Access Stratum	非接入层
NNI	Network Node Interface	网络节点接口
O		
OAM	Operation Administration and Maintenance	运行维护与管理
P		
PCH	Paging Channel	寻呼信道
PCP	Power Control Preamble	功率控制前导
PDCP	Packet Data Convergence Protocol	分组数据汇聚层协议
PLMN	Public Land Mobile Network	公共陆地移动网
PS	Packet Switched	分组交换
PSTN	Public Switched Telephone Network	公用交换电话网
Q		
QoS	Quality of Service	服务质量

参 考 文 献

［1］解梅. 移动通信技术及发展［J］. 电子科技大学学报,2003(2).

［2］宋文涛,罗汉文. 移动通信［M］. 上海:上海交通大学出版社,1996.

［3］何林娜. 数字移动通信技术［M］. 北京:机械工业出版社,2004.

［4］张洁. 影响中国移动通信产业发展竞争力的因素分析［J］. 经济视角(下),2011(1):52-53.

［5］何琳琳,杨大成. 4G 移动通信系统的主要特点和关键技术［J］. 移动通信,2004,28(10).

［6］袁晓超. 4G 通信系统关键技术浅析［J］. 中国无线电,2005(12).